미용과 건강을 위한

활용아로마테라피
Practical use Aromatherapy

이애란 · 현경화 · 조아랑 · 오영숙 공저

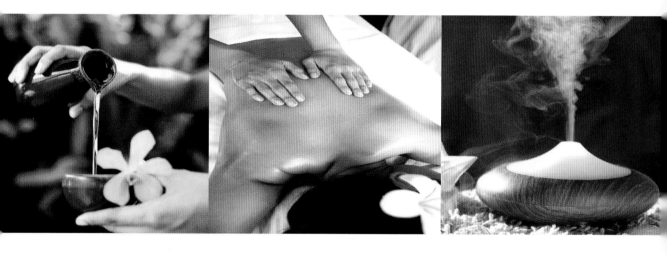

光文閣
www.kwangmoonkag.co.kr

preface

　현대인들은 과학의 발달로 인해 풍요로운 삶을 살고 있으면서도 스트레스 때문에 수많은 질환을 호소하고 있으며, 그에 따른 여러 가지 질병과 관련되는 치료, 예방을 위해 노력하고 있다.

　이러한 건강과 웰빙을 위한 약이나 요법들이 다양하지만 치료 효과만큼이나 여러 가지 부작용도 나타나고 있다. 서양 의학이 다다른 한계를 넘어서기 위해서는 다른 관점에서 약이나 치료 방법 등이 다시 재조명되어야 한다. 이러한 이유로 오늘날 동양 의학과 동양 철학들이 여러 방면으로 관심의 시선을 받기 시작했고, 수백만 년 자연 속에서 자연스럽게 진행되어온 자연 치유법이 서양 의학의 기대를 받으면서 임상실험을 거치고 과학적인 치유의 작용 기전을 알아내는 연구의 대상, 즉 관심의 대상이 되고 있다. 선진화와 더불어 현대인들의 60~90%가 스트레스와 관련된 질환을 호소하고 있다. 그래서 인지, 친자연적인 생활양식에 대한 관심과 요구가 높아지면서 자연 치유 요법을 임상에 적용하려는 의료의 새로운 분야로 자리매김하고 있다.

　건강에 대한 인식도 질병의 치료만이 아니라 건강 증진, 질병의 예방, 인간의 본능적 욕망, 즉 wellness, well-being과 같은 단순한 신체적(physical) 건강뿐만 아니라 정신적(mental), 사회적(social), 영적(spiritual)인 건강을 가져다줄 수 있는 전인적 요법(Holistically)의 필요성이 대두되고 있다.

　이 책은 전 세계적으로 인정되는 영국의 ITEC(International Therapy Examination Council)과 영국의 BCMA(British Complementary Medicine Association), 영국의 공신력 있는 IFA(International Federation Aromatherapists)의 국제적인 아로마테라피 교육과정의 내용들과 국내의 아로마 임상과 연구의 경험을 더하여 실생활에서 활용할 수 있는 아로마테라피 가이드가 되도록 집필하였다. 아직도 채워지지 않은 모자라는 부분은 계속 보완하여 좋은 책을 만들도록 노력할 것이다. 아울러 책의 출판을 위해 애써주신 광문각출판사 박정태 회장님과 임직원 여러분께 감사드린다.

2015년 8월, 저자 일동

contents

contents

Practical use Aromatherapy

contents

I
이론편
Theory

Practical use Aromatherapy

1

Practical use Aromatherapy
아로마테라피

1. 아로마테라피의 정의

아로마테라피(Aromatherapy)란 인간이 태어날 때부터 갖는 자연 치유력을 활성화하여 질병을 예방하고 개선시킬 수 있는 요법으로 그리스어에서 향기라는 뜻의 아로마(Aroma)와 치료라는 뜻의 테라피(Therapy)의 합성어로 '향기 요법'이라고도 불리며 다양한 치료 효과가 있는 향 식물에서 추출한 휘발성 물질(Essential oil)을 이용하여 육체적, 정신적, 감정적 부분까지 치료해 가는 전인적 치료인 자연요법이며 생활의술이다. 자연의 향유(Essential oil)에는 '氣'가 있으나 합성 향료에는 '氣'가 없다. 몸과 마음을 함께한 새로운 라이프 스타일(Life style)의 열풍과 함께 건강의 유지는 물론이고 건강의 증진, 질병의 치료, 젊음의 회생, 날씬한 몸매의 유지, 얼굴과 피부의 미용에 이르기까지 인간의 마음과 몸의 균형을 회복시키는 데 많은 도움을 준다

2. 아로마테라피의 역사

아로마테라피(Aromatherapy)는 6000년 전 고대 문명에서부터 발전된 전통 체계의 줄기라고 말할 수 있다. 고대 사람들은 종교의식뿐만이 아니라 치료에도 식물을 사용했다. 원시인들은 여러 종류의 나무를 태워 연기로 일어나는 여러 가지 감정의 형태를 경험했으며, 현대의 과학적 연구에서는 오래전부터 나무 등에서 방부력이나 살균력을 증명하고 있다. 특별하고 마력의 효과적인 연기는 초기 종교적 신념의 기원을 고무시켰고 오늘날에도 의식적, 종교적 도구로서도 여전히 사용되고 있다.

1) 이집트(Egypt)

고대 이집트에서의 성직자의 죽음은 미르(myrrh), 시나몬(cinnamon) 등으로 방부 처리를 했으며 귀족들은 시더우드(cedarwood), 사이프러스(cypress) 등으로 잠자리에 들기 전에 향유 마사지를 했다. 주술적으로는 향 식물에서 추출한 유황(frankincense)을 태워서 태양신께 올리기도 했으며, 달에게 의식을 거행할 때는 몰약(myrrh)을 사용했다. 시더우드(Cedarwood)와 미르(myrrh)와 같이 멸균, 항생효과가 있는 에센셜 오일은 시체의 부패를 막는데 도움을 주며, 미라가 수천 년 이후에 발견되어도 완벽하게 보관된 이유이다. 피라미드 속의 미라는 그 시절에 이미 강력한 살균력과 방부작용이 자연에서 채취되어 사용되고 있었음을 증명하고 있다. 그 당시 사용되었던 살균소독제의 에센셜 오일이 21세기의 각국의 병원에서 소독제로 사용되고 있음은 일반의 알코올보다 4~5배의 살균 효과가 크다는 사실이 입증되었기 때문이다. 또한, 이집트인들은 향유로 마사지를 즐겼으며 향 식물에서 추출한 에센셜 오일(Essential oil)은 그들의 삶을 풍요롭게 만들어 주었다. 몇 가지의 처방이나 공식은 돌판에 새겨져 오늘날 우리들에게 아로마에 관한 많은 것들을 알게 했다.

2) 그리스(Greece)

이집트를 거쳐서 그리스로 전해온 향유는 귀족의 권력과 부의 상징이 되었다. 그들은 특정한 꽃의 향기가 감정적인 영향을 준다는 것을 인정했다. 또한, 의학의 아버지라 불리는 내과의사인 히포크라테스(Hypocrates)는 식물들을 사용하는 방법을 의학적으로 발전시킨 중요한 인물이다. 또한, 그의 저서에 300여 종의 약용 식물의 효과를 기술하기도 했으며 건강한 아름다움을 유지하기 위해서는 아로마를 이용한 향유 목욕과 마사지를 적극 권장했으며 식물과 허브의 유용성을 다른 사람들이 이해할 수 있도록 알리기도 했다. 그리스의 의술은 4개의 요소에 기초를 둔 히포크라테스에 의하여 발전되었다. 공기(Air), 지구(Earth), 불(Fire), 물(Water) 그리고 인체 내의 4가지 유사한 체액인 담즙(황담즙), 다혈(혈액), 무기력(점액), 우울(흑담즙)의 균형을 강조했다.

3) 로마(Roma)

로마인들은 대제국으로서 500년 이상 존재했다(기원전 27년부터 기원후 5세기 정도까지). 많은 다른 나라를 정복하고 이들 나라의 모든 식물들과 오일들을 소유하게 되었다. 향유는 로마문화의 주요한 한 부분이었다. 향유, 향분 등으로 사용하였으며 신체 부위나 옷, 침대 등에 향수 목적으로도 사용했다. 예를 들면, 공중목욕탕에서 목욕물에, 그리고 마사지를 할 때 오일과 에센스가 사용되었다. 목욕은 로마인의 일상생활에서 주요한 부분이었다. 로마시대에 목욕은 단지 씻고 마사지(Massage)만 받는 것이 아니라 친구, 가족, 비스니스와 관련해서 대화하는 장소이기도 했다.

4) 중세 유럽(Middle Europe)

4세기경 기독교 교리가 등장하면서 방향성 물질의 이용은 퇴폐적이라고 비난받았다. 중세에는 인본주의가 아닌 신본주의 사상이 지배했던 시기였으므로 인간이 지나친 화장이나 사치는 금기사항이었다. 유럽인들은 특별히 십자군 전쟁(11세기부터 13세기 사이) 이후 기사와 병사들이 여행을 통해 가져온 식물과 허브의 사용 방법들이 건강에 도움을 준다는 것을 배우게 되었다. 흑사병(페스트)이 유행하면서 질병의 원인으로 여겨진 더러운 냄새를 방향성 물질로 예방 및 치료가 된다고 생각했다. 소나무나 로즈마리를 태워 질병 확산을 방지하였으며 장미 향수나 식초를 방향제, 살균 효과의 의학적 가치를 두고 사용했다.

5) 중국과 인도

중국과 인도는 세계에서 방향성 식물을 풍부하게 소유한 나라이기도 하다.

(1) 인도

인도 의학은 전통적으로 식물의 사용에 근거한다. 고대의 인도인들은 백단향 나무(샌달우드)를 태우면 향이 사람의 마음을 움직여 영혼에도 작용하여 그 영혼이 신과의 교감을 이룰 수 있다고 믿었으며, 종교의식에 백단향을 태움으로써 사람들의 기도가 신에게 전달된다고 생각했다. 인도에서 샌달우드는 재스민, 로즈와 함께 가장 널리 쓰이는 신성한 약용식물로써 보호·육성되고 있다.

(2) 중국

전통적인 중국 의학은 현재까지 사용되고 있는 가장 오래된 치료 체계이다. 중국의 감귤류는 아로마테라피에서 다양하게 사용되고 있다. 대부분의 감귤류는 중국에서 유래되었으며, 고대 중국인들은 다양한 약용 식물들의 치료적 효능에 관심을 갖고 인간과 자연 만물의 순환과 조화에 대하여 깊이 탐구하였다. 중국 최초로 알려진 기록은 《황제내경》이다. 중국 약초 의학의 최고 고전은 다른 어떤 의학 체계에서 사용했던 것보다 더 광범위한 식물 범위로써 다양한 식물을 기초로 한 8,000개의 항목을 가진 《본초강목》이다.

6) 한국

우리나라의 향기 역사를 살펴보면 궁중에서는 임금의 권위를 더해주는 향을 피웠으며, 선비들의 책 읽는 방에는 정숙과 침착, 집중, 창조성을 만들어 주는 향을 피우기도 했다고 전한다. 이 모든 것이 사람의 마음과 정신에 작용시키기 위한 것이다.

한방에서는 진정, 건위, 통기작용을 위해서 약재를 사용하여 신(腎)을 이롭게 하거나 병(病)을 다스리기도 한다. 고려시대부터 사용되어온 향낭(香囊)은 조선시대에는 여인들의 노리개로 사용되었고 길가의 향이 있는 식물을 주머니에 넣거나 약재를 갈아서 향낭으로 사용했다. 이것이 오늘날 향수로 발달되었다. 향(香)은 향기(香氣)와 방충(防蟲), 구급약품의 용도, 악귀로부터 보호받을 수 있다는 부적의 용도로도 사용되었다. 출산 후 쑥을 이용한 좌욕, 여름철 쑥과 잡초를 태워 연기로 해충을 퇴치하는 해충 퇴치제 등의 일상생활에서도 향 식물은 다양한 용도로 사용되고 있음을 알 수 있다.

7) 중동

페르시아인 아비세나(Avicenna, 980~1037)는 800여 개의 약용식물과 사용법에 대한 기록을 했으며, 마사지 방법과 적용법에 대하여도 자세히 저술하였다. 또한, 에센셜 오일의 추출법인 증류법을 발견하였다.

3. 현대의 아로마테라피

로즈마리 잎과 꽃잎에서 추출한 방향유는 놀라운 효과를 낸다. 관자놀이를 어루만지거나 두통이나 집중력 저하시 블랜딩한 에센셜 오일을 흡입법을 통하여 두통 완화, 두뇌 활성을 통한 집중력 강화 및 신경계 이완작용을 한다.

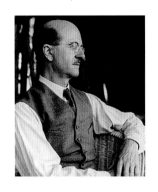

아로마테라피가 오늘날 수세기를 거쳐서 식물의 의학적, 약리학적으로 발전을 거듭한 것은 프랑스의 화학자인 렌 모리 가타포세(R, M Gattefosse)에서부터 시작되었다. 가타포세는 식물의 에센스에 관심을 갖게 된 선구자로서 그의 전 생애를 통해서 에센셜 오일의 화학적 이해의 중요성을 알아냈으며, 향수 제조업자로서 향(aroma)으로 정신치료법을 인식하고 치료 목적으로 에센셜 오일을 연구하고 발전시켰다.

어느날 그가 손에 화상을 입고 급하게 라벤더 오일이 담겨진 통에 손을 담궈서 열을 식히게 되었으며, 화상 입은 손이 수포나 상처없이 빠르게 치유되는 것을 발견하게 되었다. 그는 라벤더 오일이 상처를 치유하고 진정시킨다는 사실을 알게 되었고, 에센셜 오일들의 강력한 항균, 방부, 진정, 재생 효과를 입증하였다.

프랑스 외과의사이자 과학자인 쟝 발렛(Jean Valnet) 박사는 제2차 세계대전(1939~1945)동안 에센셜 오일을 이용하여 병사들의 상처를 치료하였다. 그는 방향성 식물의 축출물의 치료적 효과에 대하여 연구를 계속하였고 닥터 장 발넷을 포함한 몇몇 프랑스 과학자들은 이 에센셜 오일들이 신체의 화상에 대한 세포 재생의 효과와 상처 치유 효과 및 정신적 문제에 대한 심리적 효과에 관한 연구를 계속했다. 많은 임상환자를 치료한 것을 《아로마테라피(Aromatherapy)》라는 저서에 기록하였다.

프랑스의 생화학자인 마가렛 모리(Marguerite Maury) 여사는 프랑스에서 영국으로 아로마테라피를 가져온 사람이다. 마사렛 모리 여사에 의해 에센셜 오일(essential oil)이 피부에 흡수가 잘된다는 것을 알고 마사지 테크닉으로 확대 발전시켰다. 처음에는 뷰티테라피로 설립되었지만 아로마 테라피는 로버트 티서랜드에 의해서 임상치료(의료치료)로 발전되었다. 그 후 많은 의학계의 의사들도 아로마테라피

(Aromatherapy)에 대한 관심을 갖게 되었고 집중적으로 연구하기 시작했다. 마가렛 모리는 마사지뿐만 아니라 에센셜 오일이 정신치료학상의 물질로 사람에게 기분 변화를 주는 점을 강조하기도 했다.

4. 활용 아로마테라피

활용 아로마테라피란 생활에서 간단하게 활용할 수 있는 대중적 아로마테라피의 적용을 의미한다.

아로마테라피의 전인적 요법이 다양하게 사용되어져 왔음에도 아로마테라피의 대중화와 전문성이 미미한 실정이다. 여기에 활용 아로마테라피란 아로마테라피의 올바른 이해를 바탕으로 생활 속에서 누구나 손쉽게 적용할 수 있는 다양한 방법들을 제시하면서 미용과 건강을 위한 아로마테라피다.

당신에게는 좋았던 시절과 장소에 대한 추억을 불러일으키는 향기가 있는가? 정서적인 반응을 바로 일으키는 향기는 우리의 인체 시스템에 즉각적으로 영향을 줄 수 있는 능력을 갖고 있음을 증명하는 것이다. 후각은 감각 중에서 가장 과소평가되어 있는 감각이면서도 우리의 삶에 특유한 의미를 부여한다.

음식이 우리에게 주는 즐거움은 대부분 음식이 갖고 있는 그 아로마[香] 때문이다. 사람을 만났을 때 받는 첫인상도 이들이 갖고 있는 특유한 어떤 향취 때문일 것이다.

무드는 향수에 의해 고조되고 바뀐다. 가장 진한 향기는 식물 세계에 있다. 방향성 식물은 수세기 동안 필요에 따라 긴장을 풀어주거나, 기분을 차분하게 해주거나, 신선한 감을 주거나, 혹은 자극적인 효과를 주는 에센셜 오일(essential oil)이 함유되어 있다.

2

Practical use Aromatherapy

에센셜 오일의 특성

1. 식물의 생태

식물은 동물과는 다른 세포의 구성으로 이루어졌다. 식물의 세포는 단단한 셀룰로스 벽으로 둘러싸여 있다.(수분이 증발하는 것을 방지) 햇빛과 물, 영양분으로 광합성 작용을 일으켜 엽록소를 만들어 낸다. 뿌리, 줄기, 잎사귀, 꽃, 열매와 씨들로 이루어져 있다

2. 식물의 분류

아로마테라피에서 식물의 분류는 매우 중요하다. 예를 들면 Lavendula angustifolia에서 추출된 라벤더는 Lavendula latifolia에서 추출된 것과 같지 않다. 식물의 과명을 알면 에센셜 오일의 치료적 효과에 따라 선택할 수 있다.

종(species) : 기본적인 분류이다. 속(genus), 과(familly), 강(class), 목(order) 녹나무과(Lamiaceae familly)와 미금양과(Myrtaceae familly)는 에센셜 오일이 대부분 잎에서 추출된다. 장미과(Rosaceae)는 꽃에서, 운향과(Rutaceae)는 꽃과 열매, 잎에서 추출된다.

3. 방향성 식물

〈식물이 방향 물질을 만드는 이유〉
- 식물 자신을 벌레나 곤충, 균으로부터 보호하기 위해서 향을 만든다.
- 사람이 땀으로 체온 조절을 하듯이 식물은 방향 물질로 태양으로부터 자신을 보호한다.
- 사람의 호르몬처럼 방향 물질이 식물의 대사를 조절한다.
- 광합성 작용으로 인한 물질로 다른 식물과의 경쟁에서 발아 억제 작용도 한다.
- 동물들에게 먹히기 않기 위한 방어의 목적과 씨를 번식하기 위해서 꽃가루를 보유하기 위한 목적이다.

4. 에센셜 오일의 정의 및 특성

에센셜 오일은 1개의 단일 식물이 만들어낸 방향성 식물들을 물리적인 방법으로 추출해낸 휘발성 물질을 말한다. 에센셜 오일은 식물이 주는 특정한 향이다. 이것은 식물의 특정 향기를 제공하는 화학 성분들이다. 아로마테라피의 정신적 치유를 위한 적용 방법에서 에센셜 오일은 식물의 생명력, 식물의 에너지로 간주된다.(Lavabre)

다양한 향 식물의 꽃(flower), 가지(twigs), 잎(leaves), 나무껍질(bark), 과일껍질(rind of fruit), 뿌리(roots), 씨(seeds) 등에서 여러 가지 방법으로 추출된 휘발성, 고농도 에센스이다.

이것은 즉, 식물의 생명력(energy)이다. 불용성이나 식물성 기름, 왁스, 알코올 등에서 용해된다.

에센셜 오일의 가격 측정은 공정(활동력), 수확 시기(꽃 피기 전, 후, 아침, 늦은 오후), 계절적 요인(예- Salvia officinalis : 봄 : 26%, 가을 : 51% 함량), 재료의 양, 오일의 양에 의해 정해지며 잎에서 추출하는 오일보다는 꽃잎에서 추출하는 오일의 가격이 비싸다. 예를 들면 1kg의 타임 오일(thyme essential oil)을 추출하기 위해서는 400kg 타임 잎이 필요하고, 1kg의 장미 오일(rose essential oil)을 추출하기 위해서는 2,000kg의 장미 꽃잎이 필요하다. 또한, 최고의 고가 오일인 재스민 오일(jasmine essential oil) 1kg을 추출하기 위해서는 400만 재스민 꽃잎이 필요하다. 에센셜 오일은 식물이 포식자들로부터 자신을 보호하기 위해 생산하는 귀중한 물질이다. 또한, 아로마 에센셜 오일은 생리학적, 약학적 효과뿐만 아니라 무드에도 영향을 준다.

5. 에센셜 오일의 작용

에센셜 오일이 휘발성이라는 것은 공기와 접촉하자마자 증발되어 버리기 때문이다. 그래서 어떠한 적용 방법을 사용하여도 항상 일정량을 흡입하게 된다.

1) 약리적 효과

에센셜 오일이 체내로 유입되면 혈관을 통해 호르몬과 효소에 반응하여 화학적 변이를 일으킨다.

(1) 체질 개선 효과(alterative effect)

'detoxifiers' 또는 'blood-purifiers' 해독 또는 혈액 정화 작용으로 신체의 자연적인 배출 작용을 활성화시키며, 간이나 폐, 림프계, 신장, 대장과 소장 그 외에 땀샘 등을 자극해서 해롭거나 독성 물질을 배출하는 효과이다.

(2) 항염증 효과(anti-inflammatory effect)

염증을 예방, 완화시키는 작용

(3) 항박테리아 작용과 항진균 효과(antibacterial and antifungal effect)

항박테리아는 항균 작용과 항세균 작용을 한다. 항진균은 진균(곰팡이균)을 제거하는 작용이다. 일반적으로 장에서는 수백 종류의 박테리아가 살고 있으며 그중에 80% 이상이 혐기성 생물이다. 혐기성 생물은 설탕이나 지방, 단백질 그리고 비타민의 대사와 중요하게 연결되어 있으며 그중의 일부는 외부의 박테리아를 제거하는 작용을 한다. 특히 스트레스나 옳지 않은 식습관, 항생제 남용 등은 몸에 해로운 박테리아를 증식시키는 요인이 되기도 한다.

(4) 수렴 효과(astringent effect)

내장 점막이나 노출된 조직에 치료와 강화 작용을 하는 것으로 수축을 강화시키고 체내 분비액을 건조시킴으로써 조직을 강화시키는 작용이다. 또한, 수렴 작용 후 자체 수분을 보호하는 작용을 한다. 피부세포의 탄력과 모공 수축 작용에 효과적이다.

(5) 구풍 효과(carminative effect)

장내의 가스 제거와 통증, 복부 팽만감을 완화시키며, 소화기계를 안정시켜서 소화 촉진 역할을 한다. 구풍제는 따뜻하고 건조하게 하는 효능이 있다.

(6) 발한 효과(diaphoretic)

체내 냉기를 줄여주고 피부를 통해서 땀으로 독소를 배출하는 작용이다. 바이러스 감염으로 인한 부분적인 부조화나 염증을 해결하고 근육 긴장과 관절의 통증 완화에도 효과적이다.

(7) 이뇨 작용(diuretic effect)

① 이뇨는 소변량을 증가시키는 작용이다. 이것은 신장으로 혈액의 흐름을 촉진 시킨다는 의미이다.
② 체내의 노폐물과 독소의 배출을 돕는다.
③ 신장을 자극하여 정상적인 기능을 유지하도록 한다.
④ 이뇨계의 감염을 막아주는 효과도 있다.

(8) 통경 효과(emmennagogue)

생리기능을 원활히 하게하고 규칙적인 생리를 유도한다. 생리통, 생리 과다, 무월경 등의 문제를 조절한다. 자궁 경직이나 통증에도 효과적이다.

(9) 거담 효과(expectorant)

폐나 호흡기의 점액이나 가래를 배출하는 것을 돕는 작용이다. 기관지에 작용을 해서 기침으로 인한 폐나 인후 등에 있는 점액이나 공기로 전달되는 물질들의 배출을 도와준다.

(10) 세포 재생 효과(regenration effect)

새로운 세포의 생성을 도와준다.

① 캐모마일 : 문신을 하고 난 후의 상처 치료를 위한 임상결과 세포 재생으로 인한 감염 방지, 진정 작용과 상처 치유의 효과가 있었다.

② 칼렌듈라 : 전통적으로 상처 치료와 상처 회복에 사용되었다

(11) 신경 안정 작용(nervine effect)

신경과 신경계의 이완 작용을 한다. 이것은 진경제, 안정제의 역할이며 몸 전체의 이완 작용과 근육의 긴장 이완을 시킨다.

(12) 진정 작용(sedative)

인체가 기능적으로 움직이는 활동을 줄여주므로 심신이 평안하게 하는 작용이다. 에센셜 오일을 블렌딩해서 쥐에게 실험한 결과 행동 과잉이나 자동 운동성이 저하된 경우에도 정상적인 기능을 할 수 있도록 도와준다.

(13) 진경 효과(spasmolytic effect)

경직이나 긴장(내장의 평활근- 위장 벽, 기관, 혈관)을 완화시키는 작용이다.

페퍼민트 오일은 결장 절개술을 받은 환자의 내장 근육을 진정시키는 작용을 하고, 내시경 검사 시 결장의 경련을 감소시키는 작용을 한다.

(14) 강장과 자극 효과(tonic and stimulant effect)

tonic은 신체의 기능을 강화시키고 향상시켜 주는 반면에 stimulant는 몸의 생리적 기능을 촉진시켜주는 작용이다.

강장 작용은 소화계에 적용되어서 영양, 밸런스 유지 및 원기 회복 효과를 준다. 에센셜 오일의 기능은 소화 촉진, 강장, 순환 촉진 그리고 발적 효과 등이다.

자극 효과는 일시적으로 신체의 기능을 촉진시키거나 특정 기관의 활성화를 의미한다. 즉 혈액순환을 촉진시킨다.

(15) 발적 효과(rubefacient effect)

체내의 혈액의 흐름을 촉진시켜서 저혈압과 순환장애에 효과적이며, 혈관의 확장으로 인해서 항통증의 효과를 준다.

2) 생리적 효과

향의 냄새 정보가 뇌의 시상하부에 도달하면, 시상하부는 면역계, 내분비계, 자율신경계 등을 조절한다. 여기서 뇌와 그 외의 부위에 정보가 나뉘어서 전해진다.

생리작용의 예로는 라벤더 향은 시상하부로부터 심신을 진정시키는 신경전달 물질인 세로토닌(serotonin)이란 생리활성물질을 분비시켜서 웰빙 센스(Wellbeing-sense)로 전환된다. 레몬의 리모넨 성분은 혈관을 확장시키는 작용을 하여 혈류의 흐름을 원활히 하고 체온을 상승시키는 효과가 있다.

3) 심리적 효과

향의 정보가 뇌의 번연계에 있는 기억을 관장하는 해마에 전해지면 해마의 축적된 기억에서 예전에 좋았던 향일 경우에는 '그립고 행복한 기분을 주는 향기'라는 감정을 불러일으키는 행복감으로 인한 이완의 효과를 준다.

(1) 폐(Lungs)

아로마테라피 마사지나 아로마 베스(bath)를 하는 동안에도 공기로 증발된 에센셜 오일의 향 분자들이 호흡을 통해서 폐로 전달된다. 폐에서는 공기주머니 모양의 얇은 풍선인 폐포에 잠시 머물러 있는 에센셜 오일의 입자로 인해서 이산화탄소와 산소의 가스 교환이 일어난다.

(2) 피부(Skin)

마사지를 하는 동안에 피부는 소량의 에센셜 오일과 베이스 오일로 블렌딩한 오일로 도포가 된다.

에센셜 오일의 향기 입자는 미세하지만 휘발성이 있기 때문에 블렌딩한 베이스 오일이 피부 표면에 오랫동안 남아서 에센셜 오일이 피부 속으로 흡수되는 것을 용이하게 한다.

(3) 전신(Body)

체내에 유입된 에센셜 오일의 분자들은 혈관을 통해서 온 몸으로 전달되어 각각의 장기와 전신에 치료적 효과를 나타낸다. 예를 들면, 로즈 오일은 체내의 대사 균형과 신경계 안정 작용을 한다.

(4) 브레인(Brain)

에센셜 오일은 정신적, 정서적, 심리적 작용에도 대단한 효과를 나타낸다. 그것은 코로 유입된 향기 입자가 바로 두뇌의 변연계에 직접적으로 작용하여 정서적 안정을 유도하기 때문이다. 이것은 좋은 향기가 정서적 안정을 유도하여 항우울, 불면증, 주의력 결핍장애, 집중력 저하, 분노조절장애 등의 증상에 매우 효과적임을 입증한다.

6. 에센셜 오일의 추출 부위

방향성 식물의 뿌리는 인체, 식물에 있어서 생명활동의 근본 에너지가 되는 요소로서 신장과 방광, 부신 등의 비뇨, 생식 기능, 혈관질환에 효과가 있다.

식물의 줄기 부분은 사람에게는 호흡과 관련된 부분으로 생명활동의 시작이 되는 단계이다. 폐와 기관지, 코 등 호흡기 계통과 갑상선, 혈관 계통 질환에 효과가 있다.

잎은 광합성 작용에 중요한 요소이며, 인체에서는 소화기계와 연관이 되어 잎에서 추출한 에센셜 오일은 위장, 소장, 대장, 비장 등의 질환이나 소화기계, 배설 등의 문제에 효과가 있다. 식물의 꽃은 생명활동의 중요한 역할을 하는 심장과 관련이 있는 부분으로 심혈관계 질환이나 심리적 증상, 스트레스 등에 효과가 있다. 식물의 열매는 식물의 완성 단계로 들어가는 부분으로, 열매에서 추출한 성분은 면역력 강화, 기분 전환, 피부 등의 질환에 효과가 있다. 식물의 씨는 식물의 근본으로 모든 에너지의 결정체이다. 사람으로는 뇌와 신경계, 호르몬, 소화기계 질환 등에 효과가 있다.

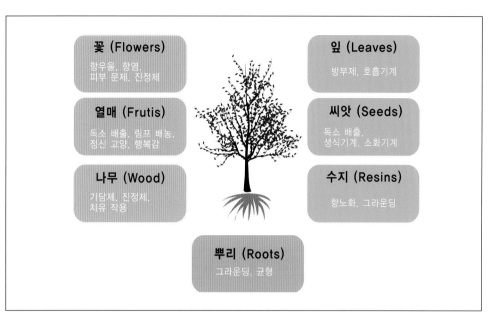

아로마테라피 트리

7. 에센셜 오일 품질에 영향을 주는 요소

   1) 생태학적 변수들(토질, 기후, 비료 및 다른 화합물 사용)

   2) 수확 시기(계절, 시간)

   3) 유전적 특징(종류 및 특성)

   4) 캐모 타입(품종의 차이)

   5) 채취 방법(기계, 직접 채취)

   6) 잎의 형태 및 연령

8. 에센셜 오일의 품질 검증

   세계에서 생산되고 있는 에센셜 오일 중 단 5%만이 아로마테라피에 이용되고 있다. 그 외에 에센셜 오일을 가장 많이 사용하는 곳인 식품 향료 제조업체, 향수 산업, 제약 회사, 화학 제조업체 등이다.

식품 향료 산업과 향수 산업은 향의 일관성이 중요하기 때문에 성장 환경에 민감한 천연의 에센셜 오일보다 합성 향을 더욱 선호한다. 그러나 종종 자연에서 발견되는 것과 비슷한 향을 만들어내기 위해서 에센셜 오일의 화학 성분을 재구성하기도 한다.

아로마테라피에 사용하는 에센셜 오일은 기본적인 품질 기준에 적합하다고 판단된 오일을 사용한다. 기본적인 기준조차 제대로 갖추지 못한 에센셜 오일은 사용자의 건강과 행복에 잠재적인 위험 요소를 내포하고 있기 때문에 아로파테라피에 사용하지 않는다. 품질을 규정하기 위해서는 다음과 같은 내용의 정보가 제시되어야 한다.

에센셜 오일의 품질 기준

1. 식물학상의 이름(학명)
2. 사용된 식물의 부위(추출 부위)
3. 원산지(지역적 특성)
4. 추출법
5. 화학적 구성
6. 순도
7. 추적이 가능한 제조 라벨과 사용 기한, 유효기간 표기

---

1) 식물학상의 이름

네롤리와 페티그레인 오일은 비터오렌지(Bitter orange : Citrus aurantium)에서 추출한 에센셜 오일이며, 이것의 학명은 스윗오렌지(Citrus sinensis)와 구별된다.

이와 같이 에센셜 오일의 구별에 중요한 학명은 최소한 종명(Species)과 속명속(Genus)을 표기하여야 하며 식물학상의 이름, 화학적 성분, 변종이나 재배종 등에 따라 결정된다.

(1) 분류 단계

계(Kingdom)	식물계(Plantae)
문(Division)	피자식물문(Angiospermophyta)
강(Class)	쌍떡잎식물강(Dicotyledeae)
목(Order)	통화식물목, 민트목(Lamiales)
과(Family)	꿀풀과, 민트과(Lamiaceae)
속(Genus)	라벤더(Lavandula)
종(Species)	다종(多種 : angustifolia, latifolia)

(2) 속명과 종명

모든 식물은 학명이 있고, 속명과 종명으로 표기한다.

> ■ 표기 예 :   *Lavandula angustifolia*, L *latifolia*
>   속 명   종 명

속명은 늘 명사, 단수로 표기하고 대문자로 시작하며 줄여서 첫문자만 표기하기도 한다. 종명은 소문자로 표기하고 이탤릭체로 쓴다.

(3) ssp : Subspecies (아종)

대개 같은 지역에서 자라는 종들을 종(Species)의 하위 부류로 아종이라 표기한다.

> ■ 표기 예 :   Citrus aurantium ssp. Bergamia

(4) Hybrid : 잡종

유전적 구성이 여러 가지인 개체나 집단을 말하며 자연적이거나 인위적인 교배에 의해 생겨난 것으로 종과 속 간에 'x'로 표기한다.

> ■ 표기 예 : Lavandula x intermedia

(5) Cultiva : 재배종

학명 뒤에 작은따옴표 ' ' 안에 표기하며 이력을 함께 적어줌

> ■ 표기 예 :
>
> Cryptomeria japonica 'Elegans'
> Chamaecyparis lawsoniana 'Aureomarginata'
> (pre-1959 name, Latin in form)
> Chamaecyparis lawsoniana 'Golden Wonder'
> (post-1959 name, English language)
> Pinus densiflora 'Akebono' (post-1959 name, Japanese language)

(6) Chemotype : 화학 유형

토양, 강우, 일조량, 해발, 작농 방법, 잡종, 번식과 식물의 유전적 특징 등의 차이에 따라 같은 학명인 식물 간에도 화학적 구성이 다를 수 있다. 종속명 뒤에 ct.+ 화학명으로 표기한다.

> ■ 표기 예 :
>
> Rosmarinus officinalis ct. camphoriferum
> R. officinalis ct. cineoliferum
> R. officinalis ct. vervenoniferum

(7) Forma : 품종

생장 환경의 차이에 따라 입이나 열매 등에 작은 형질의 차이를 나타낼 때 'f '로 표기한다.

2) 원산지

같은 식물종이라도 각각 다른 나라에서 자라고 생산된 에센셜 오일은 다른 화학적 구성을 가질 수 있다. 이를 결정하는 요소로 다음과 같은 것들이 있다.

- 일반적 기후 조건
- 토양 형태
- 유전적 요소 - 아종, 변종, 아변종, 품종, 원예 품종, 계통, 영양계(Clone)

3) 추적이 가능한 제조 라벨과 사용 기한과 유효기간 표기

에센셜 오일 공급자들은 철저히 Batch No. 기록 시스템을 유지해야만 한다. Batch No. 기록은 공급자가 도처에서 입수한 벌크 용기의 에센셜 오일을 받는 시각부터 최종 소비자가 손에 넣은 에센셜 오일 병에 이르기까지 에센셜 오일의 수량과 추적이 가능하다. 이 기록은 최초 생산자의 생산 일자와 관련된 날짜 코드를 포함한다.

4) 순도

순도란 에센셜 오일이 화학적으로 얼마만큼 순수한가의 정도를 말한다.
엄청난 양의 에센셜 오일이 향수업자나 식품향료업체에 이용되며 동일한 에센셜 오일의 성분을 얻기 위해서 제약 산업에서는 에센셜 오일을 정제하고 있다. 각 산업계의 이용자들은 자체적으로 '순도 기준'을 정의하고 있다. 아로마테라피스트의 주요 기준은 다음과 같은 사항이다.

- 에센셜 오일의 희석
- 에센셜 오일의 불순물 혼합 여부
- 에센셜 오일의 정제

(1) 에센셜 오일의 희석

로즈, 재스민, 네롤리와 같은 값비싼 오일은 물론 거의 모든 에센셜 오일은 맹독성으로써 반드시 캐리어 오일로 희석한다. 에센셜 오일의 희석을 확실히 기록한 라벨이 제품에 붙어 있어야 한다.

(2) 에센셜 오일의 불순물 혼합 여부

에센셜 오일은 다음 사항 등의 요인으로 불순물 혼합이 일어난다.

다른 에센셜 오일과 그 구성 성분

- 에센셜 오일 자체의 주요 구성 성분
- 재구성된 에센셜 오일
- 순수한 아로마 화학물

광학굴절, 굴절지수, 가스 크로마토그래피(Gas Chromatography), 메스 스펙트로메트리(Mass Spectrometry) 같은 실험에서 에센셜 오일에 불순물이 혼합되어 있는지의 여부를 확인하는 데 이용할 수 있다.

(3) 정제

정제란 구성 성분에 대한 추적을 제거하기 위해서 에센셜 오일이 2회에 걸쳐 희석된다는 것을 의미한다. 영국 약학협회의 유칼립투스에 대한 규정은 최소 70%의 1,8-Cineole 성분을 요구하는데, 이보다 적은 비율의 시네올 성분을 함유한 유칼립투스 오일은 재증류되어야 한다.

보통 아로마테라피 시장에서 볼 수 있는 유칼립투스 제품 대부분은 재증류되거나 정제된 것이다. 실제로 원료의 정제 과정 후에 여전히 남아 있는 잔류물들은 최초의 증류된 물보다 입자가 더 크다. 그 비율이 낮게 느껴져도 이 성분들은 각각의 성분들과 시너지 효과를 일으키며 에센셜 오일이 궁극적으로 치료 효과가 크게 나타날 수 있도록 질서를 유지한다.

9. 에센셜 오일의 추출 방법

1) 증류법(Sream distillation)

일반적으로 가장 많이 사용하는 방법이며 경제적인 추출 방법이다. 재료가 되는 식물을 처음 부분의 통에 넣고 이것과 물을 섞어 열을 가해서 수증기가 나오게 하거나 압력으로 수증기를 통과시켜 재료가 되는 식물을 통과하게 한다. 이 열과 수증기는 재료 식물에 있는 에센셜 오일이 분해되어 수증기 속으로 증발하게 한다. 수증기와 증발된 오일의 혼합체는 냉각된 파이프를 통과하면서 결정체(용액의 형태로 바뀜)을 이룬다. 집합 통로를 통과한 혼합 용액 상태는 물과 기름의 다른 밀도 때문에 부드럽게 다른 용기로 옮겨져 물로부터 오일을 쉽게 분리시킬 수 있다.

2) 압착법(Expression)

감귤류 과일(오렌지, 레몬, 그레이프 후룻, 귤, 그리고 bergamot)은 껍질에 작은 주머니 모양을 포함하고 있다. 이러한 오일들은 압력을 가함으로써 추출된다. 과일의 펄프와 과일속 목수(귤 위의 하얀 부분)는 분리되고 껍질은 오일 분리를 위해 즙이 빠진다.

즙짜기는 수작업으로 이루어지고 있으나(오일은 스폰지로 흡수되어 모아진다.) 현대에 와서는 너무 많은 수요로 인해서 기계 작업으로 이루어진다.

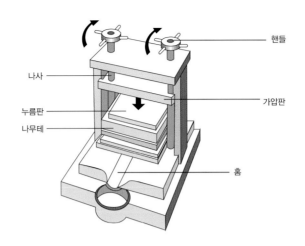

핸들
나사
가압판
누름판
나무테
홈

3) 용매 추출법(Solvent extraction)

용매 : 휘발성 탄화수소(액화부탄가스, 벤젠, 헥산), 에테르(ether), 알코올(alcohol)

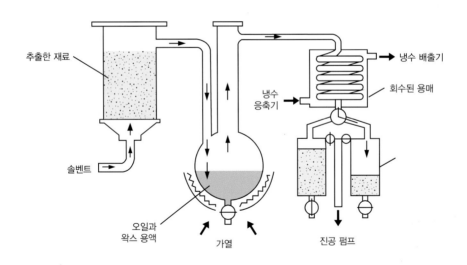

추출한 재료
냉수 배출기
냉수 응축기
회수된 용매
솔벤트
오일과 왁스 용액
가열
진공 펌프

에센셜 오일이 원재료에 극소량 농축(예 : 재스민)되어 있거나 대부분이 수지 성분으로 이루어진 경우에 사용되는 방법으로 세 가지 형태가 있다.

(1) 레지노이드(예 : 벤조인, 프랑킨센스, 미르)

나무토막이나 풀 등이 잘려지면 액체가 잘린 부분으로 나오는 용액이 출혈을 하는 것처럼 보이는데 그것이 공기에 노출되면 고체화된다. 이러한 반고체 성분을 resin 혹은 gum이라고 한다.

(2) 콘크리이트(Concrete)

식물의 필수 오일이 증류를 이용한 뜨거운 물이나 증류에 의해 손상을 받는다면 용매 추출법은 자연 왁스와 식물의 향기 에센스가 섞인 혼합물, 즉 콘크리트(concrete)라 불리는 고체 물질이 얻어진다. 그들은 고농축 액으로 순수 에센스(Essential oil)보다 좀 더 안정적이다.

(3) 앱솔루트(예 : 로즈, 네롤리, 재스민)

콘크리트 추출물로 에센스를 더 얻어내기 위해 하는 공정을 absolutes라고 한다. Absolutes는 콘크리트를 알코올과 섞는 과정에 발생한다. 에센셜 오일(essential oil)은 고체 왁스 성분으로부터 알코올로 전달되어 알코올에 녹지 않으므로 잔해물로 남는다.

4) 초임계 이산화탄소 추출법(Carbon Dioxide extraction)

이 과정은 1980년대부터 사용하기 시작한 새로운 방법이다. 솔벤트 추출법과 비슷하며 식물 재료를 화학 성분과 접촉하는 방법으로 이 과정에서는 저온의 이산화탄소(CO_2)를 이용한다.

모든 물질은 기체, 액체, 고체의 3가지 상태를 취할 수 있다. 물질은 가해지는 온도와 압력에 따라 이 세 가지 형태 중 어느 형태로든 변하는데, 몇몇 물질은 초임계 상태가 된다. 즉, 액체도 아니고 기체도 아닌 상태가 되는 것이다. 이러한 상태의 액체는 기체처럼 빠르게 확산되고, 액체처럼 용제가 되기도 한다. 이산화탄소는 이러한 초임계 상태가 될 수 있는 기체다 .

임계 온도 33도가 되면, 초임계 이산화탄소는 방향 물질의 훌륭한 용제가 된다.

이 방법의 장점은 모든 조작이 저온(33℃)에서 진행되기 때문에, 에센셜 오일의 열에 의한 손상이 거의 발생하지 않는다는 것이다. 추출은 몇 분 만에 끝나버리고 방향 물질과 용제 사이의 화학 반응도 일어나지 않는다. 또한, 밀폐된 용기 안에서 조작되므로, 휘발성 강한 향도 남김없이 모을 수 있어, 최종 산물은 식물의 방향 물질 자체에 극히 근접한 것이 된다.

하나의 단점은 이때 필요한 압력이 200℃이상의 고압이어야 하기 때문에 이에 맞는 아주 무거운, 스테인리스 컨테이너 장치가 필요하고 과정이 상당히 복잡하고 까다로워서 고도의 비용이 요구된다.

5) 냉침법(Enfleurage)

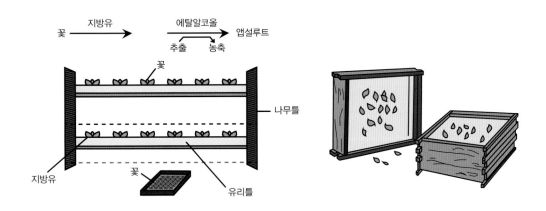

이 과정은 오래된 추출 방법 중의 하나인데 콘크리트와 같이 왁스 물질을 생산하는데 포마드(pomade) 라고 알려져 있다. 상당히 많은 노동량이 요구되서 비싼 공정 중의 하나이고 매우 높은 양질의 오일이 요구되지 않는 한 흔히 사용되지는 않는다. 수확되자마자 에센셜 오일을 추출해야 하는 꽃 작업에만 사용된다. 과정에는 네 단계가 있다.

(1) 추출(extraction) : 꽃과 꽃잎들은 동물 지방으로 덮여진 쟁반에 놓는다. 쟁반에 있는 지방 성분이 식물 에센스를 흡수할 때까지 며칠 동안 쟁반에 놓아 둔다. 시들어진 꽃잎은 새로운 꽃잎으로 바꾸어 가면서 지방이 에센스로 완전히 농축될 때까지 놓아 둔다.

(2) 모음(Collection) : 지방은 쟁반으로부터 제거되고 남아 있는 꽃잎들은 치워놓는다. 아로마 지방이 현재 포마드 지방이라고 알려져 있는 것이다.

(3) 분리(Separation) : 포마드는 알코올과 섞어 며칠 동안 지속적으로 혼합(이 과정은 기계 작업이 요구된다)하여 에센셜 오일이 지방으로부터 분리되게 한다. 지방이 분리된다.

(4) 증발(Evaporation) : 알코올은 혼합물에서 증발되어 없어지며 앤플러라지 앱솔루트만이 남는다. 다른 앱솔루트처럼 고농축 액이며 끈적한 액체 상태이거나 고체 형태이다.

5) 온침법(Maceration)

추출할 식물을 커다란 유리병에 넣고 올리브유, 해바라기유 등의 식물성 오일을 가득 넣어 1~2주 햇빛이 잘 드는 곳에 놓아둔다. 그 다음 식물을 걸러내고 새로운 식물을 넣는다. 이러한 작업을 되풀이하면 식물에서 향과 지용성분을 얻어낼 수 있다. 향기로운 베이스 오일이 되기 때문에 아로마테라피에 다양하게 쓰일 수 있다. 두꺼운 잎이나 씨, 줄기 등을 함께 넣을 경우 잘게 으깨서 넣으면 추출이 용이하고, 마른 식물보다 싱싱한 식물에서 많은 향을 얻어낼 수 있다.

프랑스의 프로방스 지방에서는 야로우를 올리브 오일에 2주간 침출시켜 향기로운 베이스 오일을 얻는다. 이 오일은 놀랄만한 치료 특성이 있는데 특히 화상에 효과적이다.

10. 에센셜 오일의 구입과 저장

1) 좋은 질의 에센셜 오일을 구입한다.
2) 합성오일이 아닌 순수 원액을 구입한다.
3) 한 가지 냄새가 나는 것을 구입한다.
4) 증발력이 높고 빛에 매우 민감하므로 산화 방지를 위해 짙은색의 차광 유리 용기에 보관한다. 서늘하고 어두운 장소에 보관한다.
5) 사용 후엔 반드시 마개를 막아 공기가 통하지 않게 한다.

6) 큰 병에서 에센셜 오일이 남았을 때에는 작은 병에다 옮겨 담는다.(큰 병의 남은 공간이 산화 작용)

7) 용기를 세척할 때는 꼭 알코올을 사용하여야 한다.

8) 개봉 후 6개월에서 1년 동안에 사용한다.

11. 에센셜 오일의 안전

1) 에센셜 오일은 반드시 캐리어 오일과 희석해서 사용해야 한다.

2) 에센셜 오일은 먹지 않는다.

3) 사용 용량 이상을 초과하지 않는다

4) 어린이, 노약자의 경우에는 패치 테스트를 한 후 1% 미만으로 희석해서 사용한다.

5) 아이들에게 닿지 않도록 보관한다.

6) 안전 뚜껑이 있는 에센셜 오일을 구입한다.

3
Practical use Aromatherapy
에센셜 오일의 과학

1. 화학의 중요성

에센셜 오일을 구성하고 있는 구성 분자들의 화학적 특성을 이해하면 에센셜 오일의 치료적 효과와 인체 내에서의 작용 기전 등을 알 수 있다

2. 에센셜 오일의 화학 성분

일반적으로 에센셜 오일은 수소(hydrogen), 탄소(carbon), 산소(oxygen) 등으로 마치 건물의 벽돌같이 화학적인 결합으로 구성되었다. 에센셜 오일의 화학적 성질은 추출 과정, 식물에 의한 구성 분자의 생합성과 같은 요소에 의해서 결정된다.

> **■ 유기화합물**
> • 살아 있는 유기체로 만들어진 물질
> • 탄소 원자가 중심이 되어 여러 가지 원자들이 결합된 물질(탄소 화합물)

■ **탄화수소(hydrocarbon)** : C + H 테르펜

Mono Terpenes

Sesqui Terpenes

Di Terpenes

■ **산화물질** : 에스테르, 알데하이드, 케톤, 알코올, 페놀, 옥사이드 등 산소화합물

1) 테르펜(Terpenes)

(1) ene으로 끝나는 성분

(2) 테르펜은 수소와 탄소 분자로 이루어져 있으며 모든 테르펜은 식물 생화학의 필수
적인 뼈대를 이루는 기본 단위인 이소프렌(isoprene)을 기초로 하고 있다.

$$CH_3$$
$$\|$$
$$CH_2 = C - CH = CH_2 \quad \text{※이소프렌 단위(isoprene unit)}$$

(3) 모노테르펜 탄화수소(monoterpene hydrocarbon)

① 두 개의 이소프렌 단위로 구성(탄소 10개)

② 휘발성이 강하여 가벼운 탑 노트 향이며 쉽게 산화된다.

③ 피부를 따뜻하게 한다.(몸이 냉한 사람에게 좋다.)

④ 항진통 효과(근육통에 효과적), 항진균, 살균

⑤ 항바이러스 작용 - limonene(시트러스 오일)

⑥ 항균 작용 - pinene(주니퍼베리, 파인)

⑦ 거담제 역할

⑧ 예민, 민감 피부에는 사용에 유의(주니퍼베리는 이뇨 효과가 강하여 신장 질환자
들에게 사용 시 주의)

  - 주요 성분 : α - pinene: 사이프러스, 주니퍼베리, 파인

     B -pinene : 주니퍼베리, 파인

limonene : 레논, 그레이프후룻, 오렌지, 만다린

myrcene : 오렌지, 만다린, 파인, 주니퍼베리

α - terpinene : 주니퍼베리, 티트리

p-symene : 주니퍼베리, 파인

terpinolene : 유칼립투스, 차나무

(4) 세스퀴테르펜 탄화수소(sesquiterpene hydrocarbon) : 목질, 뿌리 및 국화과 식물

   (진저, 캐모마일, 사이프러스, 미르)

   ① 미들 노트, 베이스 노트 향을 갖는다.

   ② 3개의 이소프렌 단위로 연결된 형태이다.

   ③ 몸의 온도를 낮춘다(소염제 역할) 민감, 여드름 피부에 좋다.

   ④ 항바이러스, 항알러지, 항경련.

   ⑤ 항염증 효과 : 캄아줄렌(캐모마일 저먼, 야로우)

    - 주요 성분 : chamazulene : 캐모마일 저먼, 야로우

        B - farnesene : 로즈

        caryophyllene : 클로브, 블랙페퍼

        B - bisabolene : 캐모마일 저먼, 진저

        zingiberene : 진저

(5) 디 테르펜 하이드로 카본(diterpenic hydrocarbon)

   ① 4개의 이소프렌 단위로 연결된 형태이다.(탄소 20개)

   ② 주요 성분 : *α* - Camphorene : 거담제, 항진균, 항바이러스성

2) 모노테르펜 알코올(monoterpene alcohols)

(1) ol로 끝나는 성분

(2) 어린이, 노인에게 가장 안전하게 피부에 사용.

(3) 미들, 베이스 노트 향, 기분 고양의 효과

   ① 항균, 항진균성, 면역계 자극 강화

   ② 항염 효과 : 근육 강화, 신경의 이환, 이뇨 효과

③ 강장제, 자극제

④ 진정제

- 주요 성분 : geraniol : 팔마로사, 제라늄

　　　　　　citronellol : 시트로넬라

　　　　　　linalool : 버가못, 로즈우드, 라벤더, 클라리 세이지

　　　　　　nerol : 네롤리, 로즈, 버가못, 페티그레인

　　　　　　α - terpineoll : 유칼립투스, 카제풋

　　　　　　menthol : 페퍼민트

　　　　　　terpinen-4-01 : 차나무, 주니퍼베리

3) 세스퀴테르펜 알코올(sesquiterpene alcohol)

(1) ol로 끝나는 성분

(2) 15개의 탄소 원자를 가지고 있다.

(3) 항바이러스 : 샌달우드

(4) 항염증성

(5) 항발암성

- 주요 성분 : nerolidol : 니아울리-항발암성

　　　　　　B-farnesol : 장미, 캐모마일-세균 발육 억제제

　　　　　　sesquiterpenols : 샌달우드 - 단순 포진 억제제

　　　　　　α - bisabolol : 캐모마일 저먼

　　　　　　α - santalol : 샌달우드

4) 알데하이드(Aldehydes)

(1) aldehyde, al로 끝나는 성분

(2) 알데하이드는 일차 알코올의 산화로 만들어진다.

(3) 과일 향, 주로 레몬향(citronelal, citral)

(4) 알데하이드 작용 :

　① - al로 끝나는 성분

　② 강한 항바이러스, 항균 효과

　③ 상쾌한 감귤 향

　④ 혈압을 낮춤(혈관 확장과 혈압 강하제)

　⑤ 안정적, 항염증성(낮은 농도)

　⑥ 중추신경계 진정, 이완 작용

　　- citral : 레몬그라스, 레몬

　　- citronellal : 시트로넬라, 유칼립투스 시트리오도라

　　- geranial : 레몬그라스, 레몬, 라임

　　- cinnamic aldehyde : 시나몬

5) 케톤(Ketones)

(1) one으로 끝나는 성분

(2) 강한 민트 - 캠퍼 향, 매우 안정적

(3) 간에서 잘 분해되지 않는다

(4) 케톤 작용 :

　① 신경 독성을 갖는다(생리 촉진 : 낙태 효과, 간질 유발, 중추신경계 마비)

　② 상처 치료가 뛰어남(세포 성장 촉진, 오래된 상처 흉터 제거, 튼살 완화)

　③ 항알러지, 항염증 작용

　④ 호흡 장애에 효과적

　⑤ 항출혈 : 에버라스팅

　⑥ 주요 성분 : penocamphone : 히솝

　　　　- α - thujone : 세이지, 웜우드

　　　　- piperitone : 유칼립투스

6) 에스테르(Esters)

(1) - ol, -yl, -ic, -ate로 끝나는 성분

(2) 항진균 효과

(3) 과일 향, 향기로운 향 : 향수

(4) 신경계 안정

(5) 에스테르 작용

　① 안정성이 탁월하며, 주로 화장품 성분에 많이 포함됨

　② 가장 폭넓게 함유된 성분, 항균, 항염 작용(칸디다균 살균)

　③ 진정 작용, 기분좋고 즐거움을 주는 향

　④ 중추신경계에 안정을 준다. 신경계 강장 효과

　　- boryl acetate : 파인, 로즈마리, 타임

　　- menthyl acetate : 페퍼민트

　　- linalyl acetate : 라벤더, 버가못, 네롤리, 클라리 세이지

　　- geranyl acetate : 라벤더, 레몬, 네롤리, 마조람, 제라늄

　　- 2-methylbutyl : 캐모마일 로만

7) 페놀(Phenols)

(1) ol, ole으로 끝나는 성분

(2) 알코올과 마찬가지로 페놀은 OH기(수산기)를 가지고 있다.

(3) 직접적으로 벤젠고리(아로마고리)에 수산기(- OH)가 붙은 형태

(4) OH의 반응은 매우 빨라진다. 페놀은 매우 자극적인 성격을 지님

(5) 수용성

(6) 페놀 작용 :

　① 알코올보다 강한 살균력을 지님, 강력한 방부성

　② 몸을 따뜻하게 함 - 수족냉증, 뻣뻣한 근육 개선 효과, 과량 사용 시 피부 염증 유
　　발

③ 강력한 중추신경계 자극, 면역계 자극, 혈압 상승 효과, 간 손상 우려(장기간 사용금지)

  - carvacrol : 마조람, 타임

  - eugenol : 시나몬, 클로브 버드, 넛맥

  - thymol : 타임

8) 옥사이드(Oxide)

(1) ole로 끝나는 성분

(2) 흡입 시 강한 정신적 자극

(3) 에센셜 오일들에서 발견되는 가장 중요한 산화물은 두 개의 형태로 존재하는 Cineole이다.

  ① 1.4 Cineole : 살균 작용이 뛰어나다.

  ② 1.8 Cineole : 호흡기에 효과적이다. 항염증성

  ③ Eucalyptus 오일로부터 얻어진 Eucalyptol로서 알려져 있다.

(4) 옥사이드 작용

  ① 항박테리아 작용, 살균 작용, 거담 작용

  ② 호흡기관의 내분비를 자극시켜서 호흡기 질환에 좋다.

  - 1,8-cineole(유카립톨, eucalyptol) : 유칼립투스, 니아울리, 티트리, 로즈마리

  - bisabolol oxide : 캐모마일 저먼

9) 산(Acids)

(1) 카르복실기(-COOH)를 갖는다

(2) 휘발성이 낮다

(3) 하이드로졸에 많이 함유.

(4) 산의 작용 : 항염, 해열, 진정, 혈압 강하 효과가 있다.

(5) 벤조인, 일랑일랑, 네롤리, 제라늄, 로즈

10) 케모타입(Chemotype)

케모타입이란 화학 유형으로서 식물 분류상으로는 같은 속, 같은 종의 동일한 외관을 가졌으나 정유의 조성이 다르고 치료 효과도 다른 경우를 말한다. 캐모타입의 차이는 생장 환경의 토양 상태, 강우 일조량, 해발 및 고도, 지리적 위치, 인공비료 사용유무 등의 작농 방법, 생태적 다양성, 수확 시기, 번식과 식물의 유전적 특징으로 인한 요인이 된다. 대표적인 예로 로즈마리와 타임을 들 수 있다.

(1) 로즈마리(Rosmarinus officinalis)

① 로즈마리 캄포 / R. officinalis ct. camphoriferum : 근육신경계
② 로즈마리 시네올 / R. officinalis ct. cineoliferum : 호흡계
③ 로즈마리 버베논 / R. officinalis ct. vervenoniferum : 피부세포 재생

(2) 타임(Thymus vulgaris)

① 타임 티몰 / T.vulgaris ct.thymoliferum : 항감염, 피부 자극이 심함
② 타임 튜자놀 / T.vulgaris ct. thujanoliferum : 항바이러스, 면역 강화
③ 타임 리나롤 / T.vulgaris ct. linaloliferum : 방부, 피부 자극이 적음
④ 타임 제나리올 / T.vulgaris ct. geranioliferum : 항바이러스, 향균

3. 에센셜 오일의 흡수 경로

1) 브레인(Brain)

코를 통해서 흡입된 아로마 분자들은 후각 수용체들과 결합되어 전기 화학적 신호가 대뇌의 변연계의 편도와 해마로 전달된다. 후각 정보는 시상을 거치지 않고 시상하부로 전달되어서 변연계는 기억과 감정을 조절하고 신경계와 호르몬계에 영향을 주는 뇌의 일부분이다.

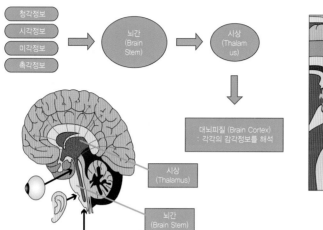

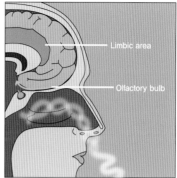

2) 폐(The rungs)

호흡을 해서 인체로 들어온 향기 입자는 기관지
를 지나 폐포로 이동된다. 폐포는 많은 모세혈관
으로 쌓여져 있으며 이산화탄소와 산소의 가스 교
환이 일어나는 곳이다. 향기 입자들은 혈액의 흐
름에 따라 인체를 순환하면서 모든 장기에 전달되
어 치유 작용을 하고 땀이나 소변, 호흡을 통해 몸
밖으로 배출된다.

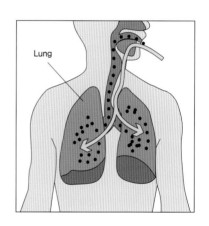

3) 피부(The Skin)

피부는 인체의 최외각에 위치하고 있으며, 인체를 보호하는 있는 가장 방대한 기관이
다. 외부로부터 유해물질(물리적, 화학적 자극 및 세균, 박테리아 등)의 유입을 막아주
고, 세포 내의 수분이 빠져나가는 것을 막아준다. 아로마 향기 입자들은 지용성이며, 매
우 미세하여 쉽게 피부를 쉽게 통과하여 혈류로 유입된다.

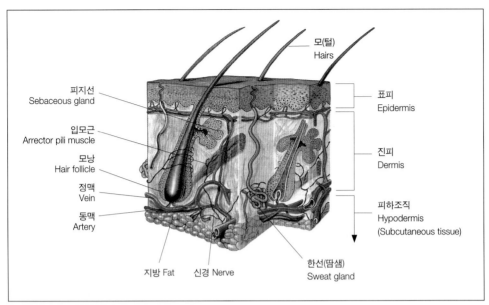

피부 조직 구조

4) 후각 기능(Olfactory system)

후각 시스템(Olfectory system)은 다른 감각 정보처럼 뇌간과 시상을 거치지 않고 직접적으로 변연계(Limbic system)로 보내져서 즉각적이고 감정적인 반응에 관여한다.

공중에 떠 다니는 아로마 분자는 두뇌의 후각 센터에 의해 탐지되어 바로 두뇌에 있는 변연계에 의해 감정적 혹은 본능적 반응을 일으킨다.

에센셜 오일의 향은 공기 중에서 자연스럽게 발향이 되어 그 향입자가 코 끝에 분포되어 있는 후각신경에 접촉이 되어 바로 대뇌에 연결이 되서 엔돌핀, 세로토닌과 같은 뇌신경 전달 물질의 분비를 조절함으로써 불안증, 우울증, 불면증과 같은 신경정신과적 질병을 치료한다. 또한, 피부에 도포해서 마사지를 하면 에센셜 오일의 화학 작용과 호르몬분비 작용에 의하여 여드름, 습진과 같은 피부 질환 및 PMS와 같은 여성 질환, 순환기 장애에 이르기까지 다양한 치료 효과를 얻게 된다. 예를 들면 재스민 향과 네놀리 향은 우울증을 개선해주고 마조람 향은 불안증을 해소한다. 또한, 박하 향은 정신집중력을 향상시켜주고 양국화 향과 유칼리 향은 박테리아나 바이러스 또는 곰팡이균에 대한 살균력이 아주 강해 감기, 인푸루엔자, 기관지염, 무좀과 같은 감염증 질환에 효과적이다.

이처럼 향기는 정보의 전달 물질, 또는 어떤 결과적 행동을 재촉하는 메신저라 할 수 있다. 공복 시에 맛있는 냄새를 감지하면 자연히 군침이 도는 것은 냄새가 내분비계에 작용한 결과이다. 이처럼 향기는 우리들의 인체 생리학적으로도 직접적으로 작용을 한다.

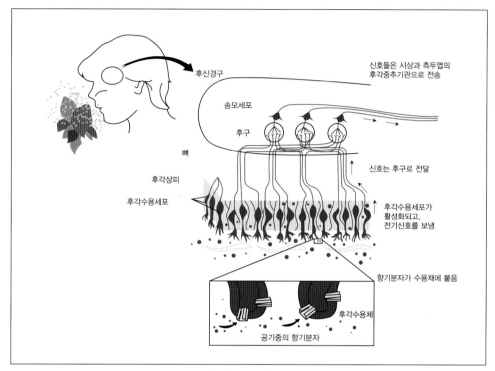

후각 기능 시스템

5) 변연계(Limbic system)

다양한 신경전달물질이 작용하고 있지만, 특히 기분 조절, 수면, 유대 촉진, 동기화 등의 조절을 하고 기분과 감정 상태 그리고 특히 냄새 감각을 관장하는 특정 부위가 있다. 변연계는 뇌의 중심부 근처에 위치한다. 변연계의 크기가 거의 호두알 만하다는 것을 고려해 볼 때, 변연계는 그 크기에 비하여 인간의 행동과 생존에 있어 중요한 기능 등을 수행하고 있다. 또한, 변연계가 감정 표현을 깊이 관여하는 점은 다양한 내부 장기와 행동에 영향을 끼치는 메커니즘을 발생시킨다.

(1) 정서 조절, 감각정보 처리, 기억

(2) 구성 : 시상, 시상하부, 기저 신경절, 해마, 편도

(3) 기능

　① 마음속의 정서 상태를 조절한다.

　② 동기화를 조절한다.

　③ 식욕과 수면 주기를 통제한다.

　④ 직접적으로 후각정보를 처리한다.

　⑤ 강한 정서적 기억들을 저장한다.

　⑥ 사건들을 내적으로 중요하게 규정한다.

　⑦ 인간관계의 유대를 증진시킨다.

　⑧ 직접적으로 후각을 처리한다.

(4) 변연계의 기능 요약

　① 정서 상태 조절, 정서적 색채 창조, 강한 정서적 기억의 저장

　② 동기화를 조절, 식욕과 수면 주기를 통제(시상하부)

　③ 유대관계, 냄새, 리비도(성적 충동) 조절

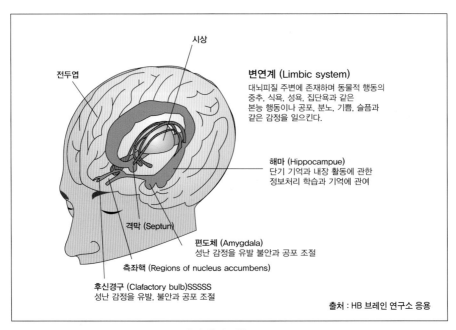

변연계의 기능

6) 신경전달물질

신경전달물질로 대표적인 것은 도파민(Dopamine), 세로토닌(Serotonin), 노르에피네프린(Norepinephrine)이다.

두뇌의 신경세포는 신경세포와 세포 간에 어떤 물질을 통해서 의사전달을 하는데 이를 신경전달물질이라고 한다. 각각의 신경전달물질은 그 기능이 다르며, 인간이 살아가는데 반드시 필요한 기능을 신경세포 간에 전달하여 현재의 상태를 인식하게 되고 이에 맞게 행동하도록 해준다.

예를 들어 기분의 상태를 의식에 전달해야 하는 신경전달물질의 신경세포 간의 전달이 부족하면 우울증이 오게 되거나, 갑작스런 상황 변화를 의식에 알려주는 알람 기능을 하는 신경전달물질이 부족하면 응급 상황에 대한 대응이 늦거나 지나치게 많으면 늘 불안한 상태가 유지되는 것이다.

> 〈뇌의 주요 신경전달물질 요약〉
> - 도파민 : 집중 조절, 억제 기능, 생각을 운동으로 전환, 기분 조절, 쾌감
> - 노르에피네프린 : 각성, 급성 스트레스, 알람 기능, 불안, 기분 조절, 수면
> - 세로토닌 : 감정 조절, 내적인 안녕감, 수면(숙면), 통증, 온도, 공격성,
>   불안, 식욕 조절

(1) 도파민(Dopamine)의 기능과 부족 시 특징

도파민은 많은 기능을 갖고 있지만 행동적인 측면에서 실행 기능을 담당한다. 즉 생각을 행동으로 실천하게 해준다. 계획을 짜고, 순서를 정하고, 시작하고 과제를 끝까지 할 수 있게 집중, 유지를 하게 해준다. 주로 실행 기능을 담당하는 좌측 뇌와 실행 기능의 중추인 전두엽에 분포한다.

(2) 세로토닌(Serotonine)의 기능과 부족 시 특징

세로토닌은 대표적으로는 웰빙 센스(Well-being Sense), 즉 쾌감이 아니고 푸근한

느낌에 관여한다. 사람이 지속적으로 스트레스를 받게 되면 세로토닌이 부족해져서 우울감, 성격 변화, 분노 조절이 안 되는 등의 증상이 생긴다. 정서 조절은 학습에 중요한 영향을 미치므로 학습에 매우 깊은 관계를 가진다. 세로토닌은 감정을 주로 조절하기 때문에 우측 뇌 쪽에 많이 분포한다.

(3) 노르에피네프린의 기능과 부족 시 특징

세로토닌이 만성 생활성 스트레스에 관여되는 반면 노르에피네프린은 급성 스트레스에 반응하여 작용하는 신경전달물질이다. 노르에피네프린은 알람(Alarm) 기능을 하는데, 주변에서 일어나는 상황에 깜짝 놀라게 하여 위급한 상황에서 벗어날 수 있게 해주는 것이다. 그러나 이러한 알람 기능이 지나치면 늘 경계심을 갖고 있게 되므로 정신적 이완을 못 하고 늘 긴장하게 되는 것이다. 주변 자극에 선택적 집중을 하는 기능이 있어서 감각적 기능을 하는 우측 뇌에 주로 분포한다.

7) 아로마와 두뇌

두뇌가 냄새 정보를 처리하는 방법은 냄새란 공기에 떠다니다가 우리가 숨을 들이마실 때 비공으로 몰려 들어오는 분자의 효과이다.

향기는 냄새 분자의 수용에서 시작한다. 향기의 유입 경로에서 코로 유입된 향기는 바로 변연계(limbic system)에 전달된다.

변연계에는 시상하부, 해마, 편도, 기저신경절, 후각 신경구로 구성되어 있다. 이 정보가 다시 시상하부로 전달되어 면역계, 내분비계, 자율신경계를 통해 신체로 전달된다.

냄새의 변화에 대한 두뇌의 반응은 우리의 기분에 영향을 준다. 특히 기분 조절을 하는 신경전달물질의 활성화에 도움을 준다.

변연계(limbic system)로 전달된 향기는 신체에 전달한다. 변연계에는 시상(Thalamus), 시상하부(Hypothalamus), 기저신경절(Basal Ganglia), 해마(Hippocampus) 및 편도(amygadla)가 포함되어 있다. 전달되어 면역계, 내분비계, 자율신경계에 영향을 미치게 된다. 이 모든 것이 1초 이내에 이루어진다.

컬럼비아대학 연구진은 의학사상 처음으로 냄새 수용체(order receptor)라고 생각되는 것을 분리하였다. 일반 성인 두뇌 속에 약 6cm²되는 면적에서 약 1만 가지 냄새를 구분할 수 있다. 우리는 두뇌로 냄새를 맡기 때문에 향기가 우리의 감정적 기분에 직접적인 영향을 주는 것이다. 천연 향처럼 비 침습성인 것이 우리의 마음에 직접적인 영향을 준다는 것은 참으로 흥미로운 일이다. 냄새의 변화에 대한 두뇌의 반응은 우리의 기분에 영향을 준다. 특히 기분 조절을 하는 신경전달물질의 활성화에 도움을 준다.

아로마테라피스트인 로버트 티서랜드(Robert Tisserand)는 클라리 세이지(Clary sage)와 그레이프후룻(Grapefruit)과 같은 희열감을 주는 냄새는 천연 진통제인 엔케팔린이라고 하는 신경화학물질을 분비하게 하며, 결과적으로 웰빙 센스를 느끼게 된다고 보고 하였다. 재스민(Jasmine)과 일랑일랑(Ylang-Ylang)은 뇌하수체를 자극해서 최음 향 기능이 있는 엔돌핀을 분비한다고 하였다.

8) 향의 정신치료 효과

(1) 행위 메커니즘

① 약리학적 메커니즘 : 칼슘 이온 통로 조절 역할을 하면서 신경세포의 전도성에 영향을 준다.

② 언어의 미적 메커니즘 : 생활 환경 속에서 냄새를 맡는다. 냄새 경험과 함께 기억으로 저장된다.

③ 쾌락적 메커니즘 : 향의 효율성은 사람의 감정 상태에 미치는 자극 효과

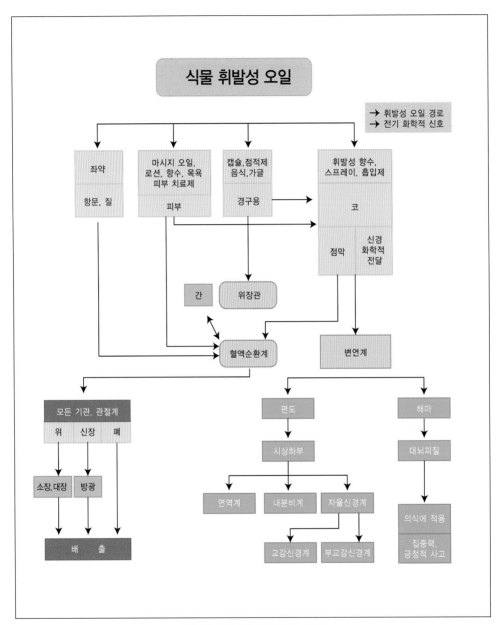

두뇌가 정보를 처리하는 방법

4

Practical use Aromatherapy

에센셜 오일의 작용

1. 심혈관계(The cardiovascular system)

심혈관계는 심장과 정맥, 동맥과 몸속에 있는 혈관 속의 혈행의 기본적인 기능을 포함한다. 우리 혈액으로부터 영양소와 산소를 공급받아서 몸의 모든 세포는 생성이 된다. 에센셜 오일은 혈액순환을 촉진 시켜서 세포의 생성과 이산화탄소, 젖산, 뇨와 같은 노폐물을 배출한다.

에센셜 오일을 어떤 적용방법으로 사용해도 오일들은 결국 혈관계로 들어가 전신으로 전달된다.

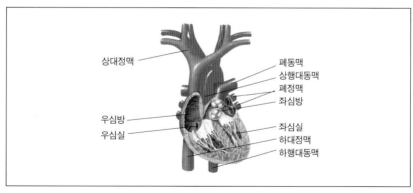

심장의 외형 구조

1) 발적제 오일(Ruvefacient oils)

따뜻하게 해주는 오일로 알려졌으
며 이러한 에센셜 오일들을 적용하면
조직이 따뜻하게 되어서 혈관이 이완
되고 혈액순환이 좋아지며 산소와 영
양분의 공급과 독소 제거가 원활히
이루어져 치유가 빨라진다.

오렌지　레몬　버가못　라벤더　만다린　티트리

발적제 오일에는 블랙 페퍼(Black pepper), 로즈마리(Rosemary), 진저(Ginger), 레몬
(Lemon), 유칼립투스(Eucalyptus) 등이 있다. 발적제 오일은 이미 감염이 진행되어 붉어
지고, 통증이 있거나 염증 증상이 있을 때에는 사용을 금한다.

2) 저혈압성 오일(Hypotensive oils)

혈압을 낮추는 효과, 고혈압 치료에 효과적이다. 안정과 이완의 효과가 있으며 라벤
더, 마조람, 일랑일랑과 레몬이 포함된다.

3) 고혈압성 오일 (Hypertensive oils)

혈액순환을 촉진시켜서 혈압을 높이고 동상과 같은 혈액 순환 문제를 예방한다.
로즈마리, 블랙 페퍼, 유칼립투스와 진저가 포함된다.
수렴과 수축의 효과를 가지고 있다. 부종과 염증을 감소시킨다.
사이프러스, 레몬, 캐모마일 등이 포함된다.

2. 근골격계(The skeletal and muscular systems)

근골격계는 관절과 근육이 발적(ruvefaciednt) 효과를 가진 에센셜 오일에 의해 덥혀
지고 자극을 받은 혈액은 순환이 촉진되어 경직된 근육과 관절에 산소를 공급하며 축적

된 젖산과 이산화탄소와 같은 노폐물을 제거하는데 도움을 준다.

주니퍼, 레몬 펜넬과 같이 독소를 배출하는 오일들은 통증을 유발하는 요산의 축적을 줄여주고 염증, 부종과 같은 관절염 형태의 증상을 완화하는데 효과가 있다.

블랙 페퍼, 로즈마리, 진저, 레몬, 유칼립투스

3. 면역계(Immune system)

면역계는 초기에 인체가 질병에 걸리는 것을 막아주는 역할을 한다. 살균과 항균의 효과 때문에 정기적인 에센셜 오일의 사용은 전체 면역기능을 강화시키고 감염과 질병으로부터 예방, 보호해 준다.

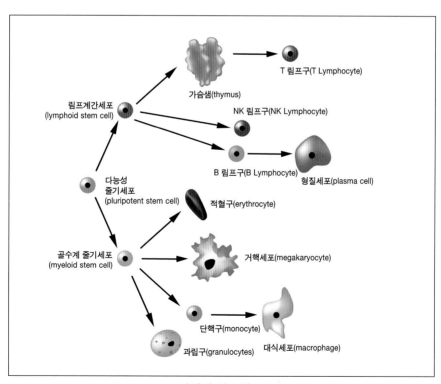

면역계 시스템

- 항생제 : 버가못, 유칼립투스, 로즈마리, 티트리, 라벤더
- 해열제 : 유칼립투스, 페퍼민트, 티트리
- 발한제 : 로즈마리, 타임
- 전반적 면역자극제 : 라벤더, 버가못, 티트리
- 림프계 자극제 : 로즈마리, 제라늄

4. 림프계(Lymphatic system)

림프계는 모세혈관이 운반할 수 없는 과도 체액을 여과하거나 다시 혈관계로 보냄으로서 혈액순환을 돕는다. 림프계는 신체의 면역에 중요한데 그것은 항체와 박테리아를 죽이는 세포가 림프계에서 생성되기 때문이다.

림프계를 자극하면 두 가지 과정을 자극하게 되는데, 하나는 항체를 생산하는 것이고 다른 하나는 노폐물과 해로운 미생물을 여과하는 것이다. 림프계를 자극하는 오일은 예방의 목적으로 사용될 수 있는데, 신체의 면역을 강화시키고 비효과적인 면역 체제에 생기는 세포염, 부종, 복부 팽만 등의 증상을 치료하기 위해 사용된다.

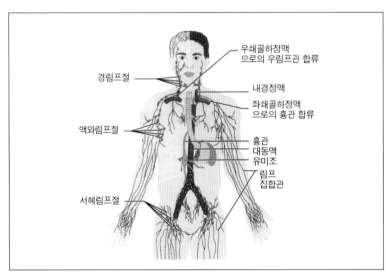

인체에 림프가 분포된 위치와 순환과정

- 림프 자극 : 제라늄, 주니퍼, 로즈마리
- 독소 제거(셀룰라이트, 부종) : 그레이프후룻, 펜넬, 레몬
- 이뇨 작용(체액 정체) : 캐모마일, 펜넬, 주니퍼

5. 호흡기계(The respiratory system)

에센셜 오일을 가장 효과적으로 사용하는 방법이 흡입이다. 에센셜 오일을 묻힌 티슈나 목욕물에서, 오일 버너에서 증발된 오일을 흡입한다.

에센셜 오일로 마사지를 하는 동안에도 블랜딩한 오일이 피부로 침투하기도 하지만 에센셜 오일의 향기를 맡고 호흡을 하는 것도 효과를 나타낸다. 그러므로 마사지 방법은 피부 흡수와 호흡으로 직·간접 효과를 얻게 된다.

- 항경련제 : 버가못, 캐모마일, 라벤더
- 울혈 제거 : 프랑킨센스, 유칼립투스
- 살균제, 염증 제거 : 버가못, 라벤더, 유칼립투스, 티트리
- 거담제 : 버가못, 유칼립투스, 라벤더, 샌달우드
- 감기 : 유칼립투스, 라벤더, 마조람(편도선염)

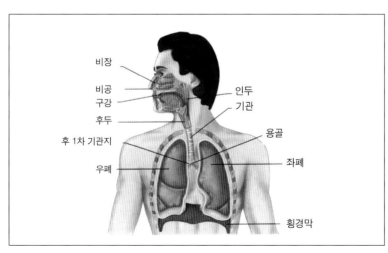

호흡계의 구조

6. 신경계(The nervous system)

신경계는 인체의 의사소통이며 네트워크를 형성한다. 매우 복잡한 와이어 체제이며 모든 인체에 연결되는 전화선과 같다고 할 수 있다. 이것으로 모든 세포에 정보를 주고 받으며 모든 상황에서 가장 이상적인 기능을 유지하게 한다. 인체가 위험에 처하면 경고를 보내고 통증이나 모든 감각을 보낸다. 인체가 매우 예민하고 불안한 상태에서는 아드레날린이 충분히 분비되어 필요한 반응을 할 수 있도록 한다.

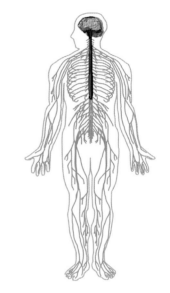

- 통증 반응을 느리게 하여 통증을 감소시키는 오일 : 제라늄, 로즈우드, 재스민
- 진통제, 통증 완화제 : 캐모마일, 라벤더, 로즈마리, 클라리 세이지
- 항경련(근육이완, 신경안정) : 캐모마일, 진저, 마조람
- 안정제(움직임을 느리게 하고 불면중, 스트레스, 경직) : 라벤더, 캐모마일, 버가못, 일랑일랑
- 자극제(회복기와 쇠약기) : 바질, 페퍼민트, 일랑일랑
- 신경제 : 로즈마리, 마조람, 멜리사

7. 생식기계(The reproductive system)

에센셜 오일은 월경증후군(우울, 불안, 부종, 절임)과 폐경 증상에 유용하다
- 월경증후군 : 제라늄
- 부종 : 캐모마일, 펜넬, 주니퍼, 제라늄
- 균형 : 로즈

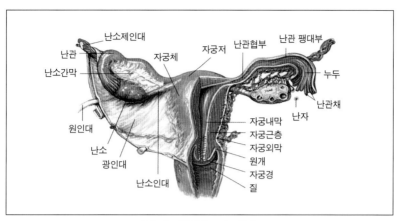

자궁의 외형구조와 해부도

8. 소화기계(The digestive system)

복부 마사지나 목욕이 설사, 변비, 식체 등 장 문제를 도와준다.

흡입도 오일의 분자가 혈액으로 들어가 소화기계에 영향을 줄 수 있다.

- 항경련제(통증, 경련) : 캐모마일, 클라리 세이지, 라벤더
- 구풍제(복부 팽만) : 캐모마일, 마조람, 펜넬

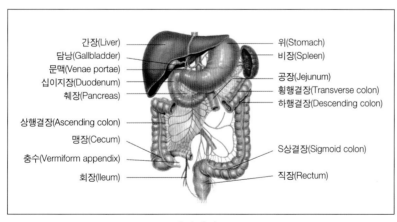

소화기계의 구조

5 | *Practical use Aromatherapy* 에센셜 오일의 종류

1. 에센셜 오일의 종류

1) 바질(Basil)

- 학명 : Ocimum basilicum
- 과명 : 꿀풀과 Lamiaceae(Labiatae)
- 노트 : Top
- 추출법 : 증기증류법
- 추출 부위 : 꽃과 잎
- 향 강도 : high (달콤하고 연한 발사믹 향)
- 효과 : 살균 작용, 항우울제, 신경긴장 해소, 진경제(생리통, 천식), 호르몬 조절(에스트로겐 역할), 뇌 활동 촉진(정신력 집중)
  TIP : 수험생의 정신 집중에 효과적
- 심미적 효과 : 자기표현
- 화학적 구성 : limonene(테르펜계), citronellol, linalol(알코올계) 40~45%, eugenol, comphor, methylchavicol(페놀계) 23%
- 웰 블렌드 : 버가못, 블랙 페퍼, 클라리 세이지, 제라늄, 라벤더, 네롤리, 샌달우드 등
- 적용법 : 아로마 램프, 욕조법, 냉습포, 디퓨저, 미스트

2) 벤조인(Benzoin)

- 학명 : Styrax benzoin
- 과명 : 때죽나뭇과(Styracaceae)
- 노트 : base
- 추출법 : 용매 추출법, 증기 증류 추출법
- 추출 부위 : 나무의 수지
- 향 강도 : high (강한 발사믹 향)
- 효과 : 거담제, 상처 치료, 신경계 및 소화기계, 행복감 고취, 고착제(향수)
- 화학적 구성 : coniferyl cinnamate, sumaresinolic and, vanilla
- 적용법 : 온습포, 흡입법, 마사지, 미스트

3) 버가못(Bergamot)

- 학명 : Cirus bergamia
- 과명 : 운향과(Rutaceae)
- 노트 : Top
- 추출법 : 냉 압착법
- 추출 부위 : 열매의 껍질
- 향 강도: medium (달콤한 과일 향)
- 효과 : 살균제, 항우울제, 스트레스와 관련된 문제, 식욕 촉진제, 항바이러스, 셀룰라이트, 피부 감염 치료제, 가려움증
- 심미적 효과 : 즐거움
- 화학적 구성 : linalyl acetate(에스테르계) 30~60%, linalol 11~11%, sesquiterpenes, limonene, pinene, myrcene, furocoumarins(beragapten)
- 웰 블렌드 : 바질, 캐모마일, 사이프러스, 유칼립투스, 재스민, 라벤더, 마조람, 라임 등
- 적용법 : 욕조법, 냉습포, 디퓨저, 마사지, 아로마램프 등

4) 블랙 페퍼(Black pepper)

- 학명 : Piper nigrum
- 과명 : 후춧과(Piperaceae)
- 노트 : middle
- 추출법 : 증기 증류법, 용매 추출법
- 추출 부위 : 말린 열매
- 향 강도 : high
- 효과 : 진경제, 거담제, 피부 발적제, 이뇨제, 식욕 억제제, 구풍제, 셀룰라이트
- 심미적 효과 : 방향
- 화학적 구성 : monoterpenes(70~80%), thujene, pinene, camphene, sabinene, murcene, limonese, sesquiterpenes, linalol
- 웰 블렌드 : 바질, 버가못, 사이프러스, 프랑킨센스, 제라늄, 진저, 라벤더, 레몬, 오렌지, 팔마로사, 파인, 로즈마리, 샌달우드, 일랑일랑

5) 아틀라스 시더우드 (Atlas cedarwood)

- 학명 : Cedrus atlantica
- 과명 : 소나뭇과(Pinaceae)
- 노트 : base
- 추출법 : 증기 증류 추출법
- 추출 부위 : 목재, 톱밥
- 향 강도 : medium (연필 나무의 발사믹 향)
- 효과 : 순환 촉진제(혈액순환, 림프순환), 살균제, 불안, 스트레스성 질환, 이뇨제, 항균제(여드름), 방충제, 자극제, 기분고양제
- 심미적 효과 : 용기
- 화학적 구성 : 세스퀴테르페놀(30%), 세스퀴테르페논(20%), 세스퀴테르펜(50%)
- 웰 블렌드 : 버가못, 사이프러스, 프랑킨센스, 레몬, 재스민, 주니퍼, 클라리 세이지, 베티버 등
- 적용법 : 마사지, 온습포, 욕조법, 흡입법 등

6) 캐모마일 저먼(Chamomile German)

- 학명 : Martricaria recutita
- 과명 : 국화과(Compositae)
- 노트 : middle
- 추출법 : 증기 증류법
- 추출 부위 : 꽃
- 향 강도 : very high
- 효과 : 항염증, 항알레르기(전신 면역 자극), 항우울제, 진정(캄아줄렌, 비사보놀), 불면증 완화, 진통제
- 심미적 효과 : 흘려 보냄
- 화학적 구성 : chamazulene, farnesene, bisabolol oxide
- 웰 블렌드 : 벤조인, 버가못, 라벤더, 마조람, 멜리사, 패촐리, 일랑일랑, 로즈

7) 캐모마일 로만(Chamomile Roman)

- 학명 : Chamaemelum nobile
- 과명 : 국화과(Compositae)
- 노트 : middle
- 추출법 : 증기 증류 추출법
- 추출 부위 : 꽃
- 향 강도 : high (사과향)
- 효과 : 진통제, 항염증, 항균, 여드름, 피부 감염, 편두통, 심리 진정 효과 탁월, 특히 스트레스성 질환에 효과적
- 화학적 구성 : esters(85%), 세스퀴테르페놀(5~6%)
- 웰 블렌드 : 버가못, 클라리 세이지, 재스민, 라벤더, 네롤리, 로즈, 제라늄
- 적용법 : 아로마 램프, 욕조법, 흡입법, 마사지, 미스트 등

8) 클라리 세이지(Clary Sage)

- 학명 : Salvia sclarea
- 과명 : 꿀풀과(Labiatae)
- 노트 : top
- 추출법 : 증기 증류 추출법
- 추출 부위 : 잎과 꽃
- 향 강도 : medium (향긋한 풀향)
- 효과 : 항우울제, 스트레스 관련 질환, 호르몬 조절, 항지루제, 월경 촉진제, 최음제, 혈압 강하제, 모발 성장 촉진
- 심미적 효과 : 명료함
- 화학적 구성 : linalylacetate(49~75%), linalool(5~26%), sclareol, pinene
- 적용법 : 디퓨져, 마사지, 흡입법, 아로마 램프, 미스트 등

9) 클로브 버드(Clove Bud)

- 학명 : Syzygium aromaticum
- 과명 : 도금양과(Myrtaceae)
- 노트 : Middle
- 추출법 : 증기 증류법
- 추출 부위 : 건조된 꽃봉오리
- 향 강도 : high (신선한 과일 향)
- 효과 : 항균(감기, 여드름), 항염증(관절염, 류머티즘), 방충, 구풍, 진통. 특히 치통에 효과적
- 심미적 효과 : 집착에서 해방
- 화학적 구성 : eugenol(페놀계) 90%, 에스테르계(20~25%)
- 웰 블렌드 : 버가못, 시나몬, 클라리 세이지, 라벤더, 로즈
- 적용법 : 디퓨져, 마사지, 흡입법, 아로마 램프, 미스트 등

10) 사이프러스(Cypress)

- 학명 : Cupressus sempervirens
- 과명 : 측백나뭇과(Cupressaceae)
- 노트 : middle to base
- 추출법 : 증기 증류 추출법
- 추출 부위 : 잎과 열매
- 향 강도 : medium (끈끈한 발사믹 향)
- 효과 : 수렴, 방취, 지혈, 신경강장(폐경기 증후군, 불면증), 이뇨제(셀룰라이트), 치질, 땀나고 냄새나는 발 관리
- 심미적 효과 : 변화
- 화학적 구성 : 테르펜계(33~55%), camphene, 모노데드페놀계(1~8%), boneol
- 웰 블렌드 : 벤조인, 버가못, 클라리 세이지, 주니퍼, 라벤더, 레몬, 오렌지, 파인, 로즈마리, 샌달우드
- 적용법 : 마사지, 흡입법, 증기흡입법, 미스트 등

11) 유칼립투스 글로블루스(Eucalyptus globulus)

- 학명 : Eucalyptus globulus
- 과명 : 도금양과(Myrtaceae)
- 노트 : top
- 추출법 : 증기 증류법
- 추출 부위 : 잎과 잔가지
- 향 강도 : high (허브 멘톨 향)
- 효과 : 거담(기침, 기관지염), 발적(관절염, 류머티즘), 해열, 진통, 항균, 방충, 호흡기 질환, 에너자이징 룸 스프레이(노약자)
- 심미적 효과 : 통합
- 화학적 구성 : 1,8-cineol(70~ 80%), pinene, limonene, globulol
- 웰 블렌드 : 바질, 벤조인, 시더우드, 프랑킨센스, 로즈마리, 레몬, 마조람, 멜리사
- 적용법 : 마사지, 욕조법, 습포법, 증기 흡입법, 에어스프레이 등

12) 스윗 펜넬 (Sweet Fennel)

- 학명 : Foeniculum vulgare
- 과명 : 산형과(Umbelliferae)
- 노트 : middle
- 추출법 : 증기 증류법
- 추출 부위 : 씨앗
- 향 강도 : high (매콤한 캠퍼 향)
- 효과 : 식욕 감퇴, 에스트로겐 분비 촉진(폐경기), 진통, 구풍, 이뇨(부종,셀룰라이트, 비만), 비만에 효과적
- 심미적 효과 : 단호함, 완료
- 화학적 구성 : anethole(50~ 60%), limonene, murcene, pinene, phellandrene, anisic acid, aldehyde, cineole(Bitter Fennel: fenchone(18~ 22%)
- 웰 블렌드 : 바질, 클라리 세이지, 사이프러스, 제라늄, 라벤더, 레몬, 오렌지
- 적용법 : 아로마 램프, 마사지, 증기 흡입법, 욕조법, 미스트 등

  주의 : 비터 펜넬은 피부에 사용하지 않는다.

13) 프랑킨센스(Frankincense)

- 학명 : Boswellia carteri
- 과명 : 감람과(Burseraceae)
- 노트 : base
- 추출법 : 증기 증류 추출법
- 추출 부위 : 수지
- 향 강도 : high (우디 스윗 발사믹 향)
- 효과 : 세포 재생, 항산화(흉터, 주름, 노화피부, 임신선), 월경 촉진, 수렴(늘어진 피부, 지성 피부, 모세혈관), 거담(기침, 감기), 진정(불면증, 신경과민), 호흡기 감염

  TIP : 호흡을 느리게 하고 감정을 가라앉히는 효과, 주름 개선
- 심미적 효과 : 보호
- 화학적 구성 : boneol, 모노테르펜계 40%, octyl acetate(에스테르계 60%)
- 웰 블렌드 : 제라늄, 그레이프후룻, 라벤더, 오렌지, 멜리사, 로즈, 샌달우드, 파인
- 적용법 : 아로마 램프, 마사지, 흡입법, 욕조법, 미스트 등

14) 제라늄(Geranium)

- 학명 : Pelargonium graveolens
- 과명 : 쥐손이풀과(Geraniaceae)
- 노트 : middle
- 추출법 : 증기 증류법
- 추출 부위 : 잎, 꽃, 줄기 등 식물 전체
- 향 강도 : high (로지 스윗 민트 향)
- 효과 : 호르몬 균형(폐경기, 생리전 증후군), 림프순환 촉진(부종, 셀룰라이트), 항염, 화상, 건선, 항우울, 두려움, 피로, 우울증, 살균(여드름, 방광염), 지혈, 부신피질 촉진(스트레스 폐경기 장애)
- 심미적 효과 : 새로운 균형
  TIP : 여성에게 유용한 오일(호르몬 균형)
- 화학적 구성 : 테르펜계(2%), 에스테르계(15%), 알코올계(21~45%)
- 웰 블렌드 : 바질, 버가못, 그레이프후룻, 재스민, 라벤더 오렌지, 패촐리, 페티그레인, 샌달우드, 일랑일랑
- 적용법 : 마사지, 냉습포, 연고, 로션 등

15) 진저(Ginger)

- 학명 : Zingiber officinalis
- 과명 : 생강과(Zingiberaceae)
- 노트 : base
- 추출법 : 증기 증류 추출법
- 추출 부위 : 뿌리
- 향 강도 : medium (스윗우디 향)
- 효과 : 진통(생리통, 근육경련), 소화(변비, 소화불량), 살균, 식욕 억제, 순환제
  TIP : 심장을 강화, 멀미 구토에 효과적, 소화 촉진
- 심미적 효과 : 스테미나
- 화학적 구성 : gingerin, gingerone, 세스퀴테르펜계(55%),limonene(모노테르펜계, 20%)

■ 웰 블렌드 : 시더우드, 프랑킨센스, 패촐리, 로즈, 베티버 등

■ 적용법 : 아로마 램프, 디퓨저, 마사지, 미스트 등

※ 무독성, 무자극성

16) 그레이프후룻(Grapefruit)

■ 학명 : Citrus paradisi

■ 과명 : 운향과(Rutaceae)

■ 노트 : top

■ 추출법 : 냉압착법

■ 추출 부위 : 열매의 겉껍질

■ 향 강도 : medium (향긋한 감귤 향)

■ 효과 : 림프순환 촉진, 항우울, 항바이러스(감기, 독감, 피부 감염), 수렴(지성피부, 여드름, 노화피부), 이뇨(부종, 셀룰라이트, 비만, 근육통)

  TIP : 촉진 작용이 우수(모노테르펜 다량 함유)

■ 심미적 효과 : 긍정적

■ 화학적 구성 : limonene(90%), cadinene, pinene, sabinene, myrcene, neral, geraniol, citronellal, esters, coumarins, furocoumarins

■ 웰 블렌드 : 캐모마일, 스윗 펜넬, 바질, 버가못, 제라늄, 라임, 라벤더, 팔마로사, 패촐리, 로즈

■ 적용법 : 욕조법, 디퓨저, 흡입법, 마사지, 미스트 등

※ 주의 : 일광 노출(광독성)

17) 재스민(Jasmine)

■ 학명 : Jasminum officinale

■ 과명 : 물푸레나뭇과(Oleaceae)

■ 노트 : base

■ 추출법 : 용매 추출법, 냉침법

■ 추출 부위 : 꽃

- 향 강도 : high (옅은 차내음의 꽃향)
- 효과 : 진정(스트레스, 공포), 최음, 세포 재생(건성피부, 주름, 상처, 임신선), 호르몬 균형, 출산후 우울증
  TIP : 자궁 수축에 도움
- 심미적 효과 : 열정적인 삶
- 화학적 구성 : 100가지 이상의 구성 요소를 가지고 있다.
  benzyl acetate, linalol, jasmere, graniol, benzyl alcohol
- 웰 블렌드 : 클라리 세이지, 프랑킨센스, 제라늄, 일랑일랑, 만다린, 네롤리, 팔마로사, 샌달우드
- 적용법 : 아로마 램프, 마사지, 욕조법, 미스트 스프레이 등

18) 주니퍼베리(Juniper Berry)

- 학명 : Juniperus communis
- 과명 : 측백나뭇과(Cupressaceae)
- 노트 : middle-base
- 추출법 : 증기 증류법
- 추출 부위 : 열매 또는 수지
- 향 강도 : medium
- 효과 : 신경장장(공포, 불면증), 해독제(통풍, 부종, 숙취), 수렴(지성피부, 지성두피), 살균(여드름, 감기), 발적(근육통, 순환장애), 식욕 증진, 월경 촉진
- 심미적 효과 : 준비
  TIP : 해독성이 좋다.
- 화학적 구성 : monoterpenes- pinene, turpinene, thujene, camphene, linonene
- 웰 블렌드 : 벤조인, 버가못, 사이프러스, 펜넬, 프랑킨센스, 레몬, 라임, 로즈마리, 샌달우드, 오렌지
- 적용법 : 마사지, 목욕 오일, 온습포, 헤어토닉 등
※ 주의 : 신독성(신장질환, 임산부)

19) 라벤더(Lavender)

- 학명 : Lavandula angustifolia
- 과명 : 꿀풀과(Labiatae)
- 노트 : middle note
- 추출법 : 중기 증류 추출법
- 추출 부위 : 꽃
- 향 강도 : middle to high (스윗 프로랄 풀향)
- 효과 : 이완, 진정, 항우울, 진통, 소염, 근육통, 관절염, 항진균(무좀, 백선), 혈압 강하(고혈압), 살균(여드름, 감기, 감염), 월경 촉진
  TIP : 원액 사용 가능
- 심미적 효과 : 양육
- 화학적 구성 : camphor(케톤계 4%), linally acetate(에스테르계 40~55%), geranial(알데하이드계 2%), linalooloxide(옥사이드계 2%)
- 웰 블렌드 : 대부분의 에센셜 오일, 클라리 세이지, 파인, 버가못, 오렌지, 제라늄
- 적용법 : 욕조법, 습포법, 마사지, 흡입법, 룸 스프레이 등

20) 레몬(Lemon)

- 학명 : Citrus limonum
- 과명 : 운향과(Rutaceae)
- 노트 : top
- 추출법 : 압착법
- 추출 부위 : 신선한 껍질
- 향 강도 : medium to high (신선한 감귤 향)
- 효과 : 항균(독감, 여드름, 상처), 수렴(지성피부, 셀룰라이트, 비만, 모세혈관 확장), 항바이러스, 혈압 강화(고혈압), 순환기계, 지혈, 발적(관절염, 류머티즘), 해열
  TIP : 집중력 향상에 도움
- 심미적 효과 : 합리적 견해
- 화학적 구성 : limonene(테르펜계) 95%
- 웰 블렌드 : 그레이프후룻, 라벤더, 로즈마리, 오렌지, 캐모마일, 일랑일랑 등
- ※ 주의 : 광독성, 자극(1% 이하)

21) 레몬그라스(Lemongrass)

- 학명 : Cymbopogon citratus
- 과명 : 볏과(Gramineae)
- 노트 : top-middle
- 추출법 : 증기 증류 추출법
- 추출 부위 : 줄기와 잎
- 향 강도 : high (그레이지 레몬 향)
- 효과 : 구풍, 방충, 항우울, 해열, 살균, 진통, 항진균(무좀, 곰팡이균), 기분 고양, 신경계소진 등
  TIP : 중추신경계의 진정
- 심미적 효과 : 확장
- 화학적 구성 : neral(알데하이드계) 60~85%
- 웰 블렌드 : 유칼립투스, 제라늄, 재스민, 주니퍼, 페퍼민트, 로즈 등
- 적용법 : 디퓨저, 흡입법, 마사지, 미스트 등

22) 라임(Lime)

- 학명 : Citrus aurantiifolia
- 과명 : 운향과(Rutaceae)
- 노트 : top
- 추출법 : 냉압착법
- 추출 부위 : 과육 껍질
- 향 강도 : high
- 효과 : 소독, 항바이러스, 수렴, 소화기계, 혈압 강하, 방충, 감정 고양
- 심미적 효과 : 재충전
- 화학적 구성 : β-myrcene(모노테르펜계) 72%
- 웰 블렌드 : 라벤더, 레몬그라스. 파인, 로즈 등
- 적용법 : 발향법, 흡입법, 마사지, 룸 스프레이 등

23) 만다린(Mandarin)

- 학명 : Citrus reticulata
- 과명 : 운향과(Rutaceae)
- 노트 : top
- 추출법 : 냉압착법
- 추출 부위 : 과육 껍질
- 향 강도 : medium
- 효과 : 세포 재생(임신선, 흉터, 주름), 진정(불면증, 쇼크, 공포), 살균(여드름), 강
  장, 구풍(변비, 소화불량, 구토), 이뇨(부종, 셀룰라이트, 비만)
  TIP : 임신선 방지(네롤리와 윗점 오일과 블렌딩)
- 화학적 구성 : myrcene(모노테르펜계) 90%

24) 마조람(Majoram)

- 학명 : Origanum marjorana
- 과명 : 꿀풀과(Labiatae)
- 노트 : middle
- 추출법 : 증기 증류 추출법
- 추출 부위 : 건조시킨 꽃과 잎
- 향 강도 : medium
- 효과 : 거담(감기, 독감, 기침, 가래), 진정, 진통, 항바이러스, 구풍, 소화, 월경 촉진,
  혈압 강화제(고혈압), 불면증, 걱정
- 심미적 효과 : 불안증
- 화학적 구성 : linalol(알코올계) 50%
- 웰 블렌드 : 버가못, 라벤더, 시더우드, 사이프러스, 오렌지, 로즈마리 등
- 적용법 : 습포법(근육통), 마사지, 욕조법, 퍼퓸 등
※ 주의 : 임산부, 소량 사용

25) 멜리사(Melissa)

- 학명 : Melissa officinalis
- 과명 : 꿀풀과(Lamiaceae)
- 노트 : middle
- 추출법 : 증기 증류 추출
- 추출 부위 : 꽃과 잎
- 향 강도 : medium to high (프레시 레몬 향)
- 효과 : 월경 촉진, 항우울, 항바이러스(감기, 독감), 진경(구토, 천식, 복통, 생리통), 항염(건선, 습진, 알러지피부, 감염), 구풍, 소화, 무드 고취
- 화학적 구성 : citral(알데하이드계) 50%
- 웰 블렌드 : 라벤더, 제라늄, 감귤류 등
- 적용법 : 디퓨저, 흡입법, 발향법, 마사지 등
※ 주의 : 적은 양 사용(레몬, 레몬그리스, 시트로넬라 포함)

26) 미르(Myrrh)

- 학명 : Commiphora myrrha
- 과명 : 감람과(Burseaceae)
- 노트 : base
- 추출법 : 증기 증류 추출법
- 추출 부위 : 수지
- 향 강도 : high (끈적한 발사믹 향)
- 효과 : 항염(상처, 후두염, 염증 피부), 월경 촉진, 강장, 소화기계, 거담(감기, 독감), 항진균(무좀, 곰팡이), 살균(감기, 독감), 외상약, 진통, 깊은 슬픔과 우울증에 효과
- 심미적 효과 : 창조적 자극, 영감
- 화학적 구성 : elemene(세스퀴테르펜계) 39%, myrrh alcohols(알코올계) 40%
- 웰 블렌드 : 캄퍼, 라벤더, 사이프러스, 프랑킨센스, 패촐리, 파인 등
- 적용법 : 마사지, 흡입법, 발향법 등

27) 네롤리(Neroli)

- 학명 : Citrus aurantium
- 과명 : 운향과(Rutaceae)
- 노트 : top
- 추출법 : 증기 증류 추출법
- 추출 부위 : 꽃
- 향 강도 : high (스윗 프로럴 향)
- 효과 : 세포 재생(흉터, 주름, 임신선, 건성피부), 혈압 강화제(고혈압), 진정, 신경안정, 최음, 강장, 구중, 소화, 항우울, 방취, 자신감 강화
- 화학적 구성 : nerol(알코올계) 34%, anthranilate(에스테르계) 14%
- 웰 블렌드 : 캐모마일, 클라리 세이지, 재스민, 로즈, 일랑일랑 등
- 적용법 : 욕조법, 흡입법, 마사지, 스프레이 등

28) 오렌지 스윗(Orange Sweet)

- 학명 : Citrus sinensis
- 과명 : 운향과(Rutaceae)
- 노트 : top
- 추출법 : 압착법
- 추출 부위 : 완숙한 과일 겉껍질
- 향 강도 : medium (스윗 감귤 향)
- 효과 : 피부 강장(주름, 건성피부, 지성피부, 피부염, 여드름), 항우울, 항박테리아(감기, 독감), 강장, 해열, 혈압 강화(고혈압), 소화, 구풍
- 심미적 효과 : 진지함
- 화학적 구성 : myrcene(테르펜계) 90%
- 웰 블렌드 : 벤조인, 시나몬, 사이프러스, 클리리세이지, 라벤더, 레몬 등
- 적용법 : 마사지, 습포법, 에어스프레이 등

※ 주의 : 광독성(일광 노출)

29) 팔마로사(Palmarosa)

- 학명 : Cymbopogon martini
- 과명 : 벗과(Graminaceae)
- 노트 : top-middle
- 추출법 : 증기 증류 추출법
- 추출 부위 : 개화하기 전 잎 줄기
- 향 강도 : low to medium
- 효과 : 소독, 항바이러스, 항박테리아, 균형, 호르몬 균형, 소화 촉진, 수렴
  TIP : 주름진 피부, 목 피부 개선
- 화학적 구성 : citronellol(알코올계) 85%
- 심미적 효과 : 순응함
- 웰 블렌드 : 라벤더, 로즈, 제라늄, 일랑일랑 등
- 적용법 : 흡입법, 마사지, 욕조법

30) 패촐리(Patchouli)

- 학명 : Pogostemon cablin
- 과명 : 꿀풀과(Labiatae)
- 노트 : base
- 추출법 : 증기 증류 추출법
- 추출 부위 : 말린 잎과 줄기
- 향 강도 : high
- 효과 : 살균, 항염(여드름, 피부염, 건선, 습진), 항우울, 세포 재생(주름, 건성피부, 흉터, 임신선), 이뇨(부종, 셀룰라이트, 비만), 수렴(지성피부), 항균, 방충, 항진균
  TIP : 패촐렌(항염 진정 작용)
- 화학적 구성 : caryophyllene(세스퀴테르펜계) 50%
- 심미적 효과 : 통합
- 웰 블렌드 : 라벤더, 로즈마리, 펜넬
- 적용법 : 마사지, 욕조법, 습포법

31) 페퍼민트(Peppermint)

- 학명 : Mentha piperita
- 과명 : 꿀풀과(Labiatae)
- 노트 : top
- 추출법 : 증기 증류 추출법
- 추출 부위 : 잎과 꽃
- 향 강도 : medium to high
- 효과 : 해열, 항신경(피로감, 스트레스, 건망증), 진통, 항염, 살균, 월경 촉진, 혈압 상승(저혈압)
  - TIP : 과민성 대장 증후군 치료제인 콜페르민 성분을 사용
- 화학적 구성 : menthol(알코올계) 29~48%, pulegone(케톤계) 20~31%
- 심미적 효과 : 목적
- 웰 블렌드 : 라벤더, 로즈마리, 사이프러스
- 적용법 : 흡입법, 마사지, 욕조법

30) 페티그레인(Petitgrain)

- 학명 : Citrus aurantium var. amara
- 과명 : 운향과(Rutaceae)
- 노트 : top
- 추출법 : 증기 증류 추출법
- 추출 부위 : 잎과 잔가지
- 향 강도 : medium
- 효과 : 면역 강화, 항우울, 항신경(두려움, 신경과민), 피부 강장, 방취, 소화, 면역 강화
- 화학적 구성 : geranyl acetate(에스테르계) 60~65%, geraniol(알코올계) 30~40%
- 심미적 효과 : 의식적 마인드
- 웰 블렌드 : 재스민, 일랑일랑, 라벤더
- 적용법 : 흡입법, 디퓨저, 욕조법

31) 로즈 오토(Rose otto)

- 학명 : Rosa damascena
- 과명 : 장미과(Rosaceae)
- 노트 : middle
- 추출법 : 증기 증류 추출법 또는 용매 추출법
- 추출 부위 : 꽃잎
- 향 강도 : very high
- 효과 : 지혈, 월경 촉진, 항우울, 최음, 수렴, 세포 재생
- 화학적 구성 : phenylethanol(알코올계) 60%
- 심미적 효과 : 사랑
- 웰 블렌드 : 재스민, 일랑일랑, 라벤더
- 적용법 : 흡입법, 디퓨저, 마사지

32) 로즈마리(Rosemary)

- 학명 : Rosmarius officinalis
- 과명 : 꿀풀과(Labiatae)
- 노트 : middle
- 추출법 : 증기 증류 추출법
- 추출 부위 : 잎과 꽃
- 향 강도 : high
- 효과 : 진통, 방충, 항염(근육통, 류머티즘), 혈압 상승제(저혈압), 각성제(기억력 감퇴, 두려움, 스트레스) 항균(비듬), 이뇨(부종, 셀룰라이트, 비만)
  TIP : 심장과 간에 좋은 강장제이고 혈액 속의 콜레스테롤을 낮춤. 탈모 치료제
- 화학적 구성 : camphene(모노테르펜계) 30%
- 심미적 효과 : 창조
- 웰 블렌드 : 라벤더, 펜넬, 주니퍼, 클라리 세이지
- 적용법 : 마사지, 디퓨저, 욕조법

33) 티트리(Tea Tree)

- 학명 : Mealleuca alternijolia
- 과명 : 도금양과(Myrtaceae)
- 노트 : top
- 추출법 : 증기 증류 추출법
- 추출 부위 : 잎과 잔가지
- 향 강도 : very high
- 효과 : 항균, 진통, 면역 강화, 항바이러스, 거담, 항진균, 신경안정(우울증, 스트레스)

  TIP : 면역 체계 강화에 효과적
- 화학적 구성 : linalool(알코올계) 45%, pinene(모노테르펜계) 40%
- 심미적 효과 : 이해
- 웰 블렌드 : 라벤더, 로즈마리, 유칼립투스, 패촐리
- 적용법 : 룸 스프레이, 족욕, 마사지

34) 일랑일랑(Ylang Ylang)

- 학명 : Cananga odorata
- 과명 : 번려지과(Annonaceae)
- 노트 : base
- 추출법 : 증기 증류 추출법
- 추출 부위 : 꽃잎
- 향 강도 : high
- 효과 : 각성(불면증, 빠른 심장박동), 항우울, 최음, 혈압 강화(고혈압), 강장(두피), 살균, 항지루(지성피부)

  TIP : 발모 효과
- 화학적 구성 : farnesene(세스퀴테르펜계) 40%, geraniol(알코올계) 20%
- 심미적 효과 : 평화
- 웰 블렌드 : 라벤더, 팔마로사, 로즈, 재스민
- 적용법 : 흡입법, 향수, 마사지

2. 캐리어 오일

1) 캐리어 오일의 기능

고농축된 에센셜 오일은 대부분 자극적이고 강하기 때문에 원액을 그대로 사용하지 않는다. 따라서 이를 희석하여 사용하기 위해 식물성 오일을 사용한다.

특히 식물성 오일은 희석된 에센셜 오일 분자를 피부 속으로 깊숙이 흡수시킨다고 하여 캐리어 오일(carrier oil)이라고 칭한다.

캐리어 오일은 식물의 씨나 열매 등을 냉압착법(cold press) 또는 고온 추출법(Hot extraction : 포도씨 오일, 로즈힙 오일 등)을 이용해 얻어내며, 아로마테라피에 쓰이는 가장 이상적인 캐리어 오일은, 냉압착법으로 추출되어 영양소의 손실이 최소화된, 정제되지 않은 오일이다.

각각의 독특한 향이 있으며 휘발성이 없는 끈적끈적한 성분이다. 이러한 캐리어 오일 자체 성분만으로도 다양한 치유 효과를 나타낸다.

스킨케어를 위해 단독으로 사용되기도 하고, 다른 캐리어 오일에 희석해서 써야 하는 경우도 있다.

에센셜 오일이 피부 깊숙이 흡수되는 것을 도와주며, 에센셜 오일이 피부 표면에서 오래 머물러 있게 휘발 속도를 늦춰준다.

2) 캐리어 오일의 종류

(1) 아르간 오일(Argan oil)

비타민 E를 많이 함유하고 있어서 항산화 작용으로 피부 노화를 막아주고 세포 재생 작용을 한다. 피부관리나 두피 관리에 사용된다. 샴푸, 크림, 비누로 형태로 피부에 영양 공급과 모발 보호를 하기 위해서 사용한다.

(2) 올리브 오일(Olive oil)

올리브 그린색을 띤 풍부한 향의 올리브는 코스메틱과 요리에 널리 사용되고 있다. 프로틴, 미네랄, 비타민을 함유하고 있다.

여러 종류의 등급이 있으며 냉압법으로 추출한 extra-virgin이 가장 품질이 좋다. 오일에 점성력이 있어서 단독으로 마사지 오일로 사용하기보다는 가벼운 질감의 다른 식물성 오일과 섞어서 사용하는 것이 좋다. 단백질과 미네랄, 비타민, 필수지방산이 함유되어 있어서 건조 피부, 예민성 피부, 흉터와 튼살에도 유용하게 사용된다.

올리브는 전통적으로 평화의 상징으로 여겨왔다. 고대 그리스인들은 평화를 기원하는 의미로 머리에 올리브 잎으로 된 화환을 만들어서 썼다.

- base oil : 10%

(3) 스윗 아몬드 오일(sweet almond oil)

비타민 A, B_1, B_2 그리고 B_6와 적은 양의 비타민 E와 불포화지방산인 올레산과 리놀레산이 풍부하다. 특히 가려움증, 습진, 건성피부에 유용하다(견과류 알러지에 유의). 가격이 저렴하여 전신 관리 시 많이 사용한다.

- base oil : 100%

(4) 아보카도 오일(avocado oil)

세포막을 구성하는 레시틴을 함유하고 비타민 A, B, D, 프로틴, 지방산이 풍부하다.

진정, 유연, 건조한 피부, 노화피부에 좋다.

불포화지방산인 올레산이 많아 보존성이 좋다.

- base oil : 10%

(5) 카렌듈라 오일(calendula oil)

항염, 항균 작용과 상처 치유 작용

건조하거나 거친 피부에 효과적

(6) 코코넛 오일(coconut oil)

포화지방산이 다량 함유 되어 있다.

모든 피부에 사용 가능

보습 효과, 건성 모발 케어

저장성이 좋다.

(7) 이브닝 프라임로즈 오일(evening primrose oil)

감마리놀렌산(GLA) 다량 함유

리놀레익산과 올레익산 풍부하고, 지방산도 함유하고 있다. 모든 타입에 사용. 특히 건성, 노화, 감염 피부에 효과적

■ base oil : 10%

(8) 그레이프 시드 오일(grapeseed oil)

미네랄, 리놀렌산과 비타민 E 다량 함유

모든 피부 사용 가능

가격이 저렴하고 사용하고 편리

피부 보호, 영양 공급

■ base oil : 100%

(9) 해즐넛 오일(hezelnut oil)

엷은 노란색의 질감이 좋은 오일이다. 강한 땅콩류의 향을 풍기며 비타민 A, E 미네랄, 단백질, 필수지방산을 함유하고 있다. 빠르게 피부에 흡수되고 수렴 효과가 있어서 모든 피부 유형에 사용된다. 온도 변화가 많은 곳이나 직사광선은 피해서 보관한다. 여드름, 지성피부에 사용

■ base oil : 100%

(10) 호호바 오일(jojoba oil)

피지 성분과 유사하여 모든 피부에 사용

여드름, 건성, 습진에 사용

피지 조절 작용

고가이므로 스윗 아몬드와 혼합해서 사용

10℃ 이하에서는 응고되지만 상온에서는 액상으로 된다.

■ base oil : 10%

(11) 마카다미아 오일(macadamia nut oil)

영양분이 다량 함유되어 있어 노화 억제와 피부의 보습, 유연 효과

노화 피부에 탁월

(12) 피치커넬 오일(peach kernel oil)

올레산과 리놀렌산이 풍부

비타민 A, E, B군(B_1, B_2, B_6)을 다량 함유

모든 피부에 사용

피부 연화, 항염 효과

특히 노화, 건성, 민감 피부에 적합

(13) 윗점 오일(wheatgerm oil)

천연 산화 방지제 역할

다른 캐리어 오일에 5~10% 정도 블렌딩하여 보존 기간 연장

피부 재생 효과로 상처 자국에 효과적

건성, 노화피부에 탁월

■ base oil : 10%

(14) 해바라기씨 오일(sunflower oil)

불포화지방산인 리놀레산을 다량 함유

비타민 A, B, D, E와 칼슘, 철, 인 등 무기질이 풍부

항염 효과로 염증, 상처에 사용

피부 유연, 보습 효과

■ base oil : 100%

3. 에센셜 오일의 적용 방법

아로마테라피를 받고자 하는 사람의 신체적, 정신적 상태를 고려해서 적용 방법을 선택해야 한다.

1) 마사지(Massage)

가장 일반적으로 유용한 방법이다. 증상에 따른 에센셜 오일을 선택하여 스윗 아몬드 오일(Sweetalmond oil), 호호바 오일(Jojoba oil) 등의 캐리어 오일과 블렌딩해서 사용한다. 아로마테라피 마사지를 하게 되면 오일이 피부에 흡수되어 신체 각 부분에 영향을 줄 뿐 아니라 향이 후각 신경을 통해 감정 상태에도 영향을 주어 심신의 작용 효과가 있다. 휘발성 에센셜 오일의 침투력을 높여주기 위해서 캐리어 오일을 함께 사용한다.

2) 흡입법(Inhalation)

생 허브나 건조된 허브를 준비해서 유리 또는 세라믹 볼에 4컵 정도의 끓는 물을 넣은 후 타월을 덮고 볼에서 5cm 정도의 거리에서 눈을 감은 채 증기를 흡입한다. 타월은 증발된 수증기를 모아주는 역할을 하며 5~7분 정도가 적당하다.

(1) 유용한 에센셜 오일

① 타임(Thymus vulgaris) : 거담제, 티몰(thymol) 성분이 항균, 항박테리아, 살균 작용을 한다.

② 페퍼민트(Mentha piperita) : 블랜딩한 페퍼민트 에센셜 오일을 가슴에 가볍게 발라주면 감기에 효과적이다. 주요 멘톨(mentol) 성분이 점액과 가래를 녹여주는 역할을 하고 특정 박테리아(bacteria)나 바이러스(viruses) 진균(fungus) 등을 제거하는 작용을 한다.

③ 세이지(Salvia officinalis) : 튜존(thujone)과 캄퍼(camphor) 성분이 함유되어 있으며 세이지 증기 흡입을 하면 가슴이 답답함과 조임 현상을 해소시켜 준다.

④ 로즈마리(Rosmarinus officinalis) : 시네올(cineol), 보네올(borneol) 그리고 캄퍼(camphor) 성분을 함유하고 있다. 이러한 성분들은 항균 작용(antibacterial)을 하며, 특히 로즈마리는 감기 증상에서 머리를 맑게 해 주고 기침과 정체로 인한 열을 내려주며 두통을 완화시키는 역할을 한다.

⑤ 진저(Zingiber officinale) : 간과 소화 작용을 원활히 해주며, 특히 적당한 땀을 흘리게 해서 순환장애에 매우 유용하다. 4컵의 끓는 물에 4방울 정도의 진저 에센셜 오일을 넣어 증기 흡입을 한다.

⑥ 진피(Orange peel) : 진피는 허브는 아니지만 힐링에 큰 작용을 한다. 진피에는 살균 작용(Antiseptic)을 하는 아로마틱 복합 성분이 함유되어 있어서 거담 작용과 근육 경련, 혈액순환 작용을 활성화시켜 준다. 오렌지 계열의 껍질은 감기의

기침, 발열, 기관지염에 증기 흡입법이 치료법(therapy)으로 적용되고 있다.

⑦ 유칼립투스(Eucalyptus globulus) : 유칼립투스는 감기나 독감으로 인한 코막힘 (nasal and sinus congestion) 현상을 해결해 준다.

⑧ 라벤더(Lavandula angustifolia) : 라벤더 오일의 증기 흡입은 천식, 기침 등을 포함한 호흡기 질환에 유용하다. 구성 화합물의 리나놀 성분이 기관지를 편하게 해주고, 염증을 줄여주며 알러지 반응에 효과적이다.

⑨ 증기 흡입법은 장기간 적용해도 졸음으로 인한 나른함에서 자유롭게 하는 안전한 적용 방법이다.(Meadow Walker)

3) 목욕법(Bath)

욕조에 따뜻한 물을 반쯤 가량 채워지면 증상에 따른 에센셜 오일을 6방울 정도 떨어뜨리고 우유(유화제)를 넣어 사용한다. 따뜻한 목욕물과 에센셜 오일이 피부에 침투하면서 피로회복, 디톡스, 신경, 근육의 이완의 효과를 준다.

4) 습포법

삔 데, 타박상, 관절염, 류머티즘 등의 증상 부위에 온습포, 냉습포를 적절한 에센셜 오일을 선정하여 100ml 물에 1방울의 에센셜 오일을 넣어 수건에 적셔서 사용한다.

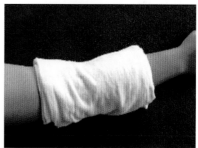

5) 발향법

뜨거운 물을 넣고 용도에 따라 에센셜 오일 3~4방울 넣어서 사용한다.

6

Practical use Aromatherapy

크리니컬 아로마테라피

1. 메디컬 아로마테라피

에센셜 오일은 사람의 피로 비유될 수 있는 식물이 가지고 있는 생명력이며, 식물의 호르몬이다. 이것이 아로마테라피에 의해서 신체로 받아들여지는 것이다.

에센셜 오일이 어떻게 작용하는지를 이해하기 위해서 과학, 화학, 약리학에 초점을 맞추게 되었다. 과학이 에센셜 오일이 후각과 뇌 화학의 영역에서 어떻게 작용하는지를 설명할 수 있다 하더라도, 과학이 에센셜 오일에 대한 정의를 어떻게 바꾸는지에 대한 것도 흥미롭다. 에센셜 오일의 이차적인 대사는 굉장한 상업적 의미를 지녔으며 그것들이 식물에게 향을 주고 사람들에게 많은 생리학적 효과를 준다. 또한, 곤충에 의한 공격을 방지하는 것이 에센스이다. 벌과 벌레를 쫓아내는 향기 나는 심장이다. 추출 과정에서 분리되는 작은 식물세포 내 화학적 성분이다.

아로마테라피가 본질적으로는 에너지 의학(energy medicine)이지만, 우리는 항상 화학적으로나 약리학적으로 아로마테라피를 입증하기 위한 노력을 하고 있다.

2. 피부학(Dermatology)

경피 흡수 시스템(Transdermal Therapeutic System : TTS)이 피부관리 및 화장품의 유효성에서 자주 사용되고 있다. 특히 피부관리는 새로운 전달(Dermatology delivery) 시스템에서 중요한 자리를 차지하게 되었다. 다양한 에센셜 오일을 피부에 바르는 아로마테라피에서는 경피 흡수가 커다란 의미를 갖는다. Fuchs et al(1997)은 가벼운 마사지에서 체계적으로 흡수되는 카본(Carvone)에 대한 논문을 발표하였다. 카본은 스피아민트(spearmint)의 42.8%를 구성하는 케톤(ketone)이다. 그러나 많은 성분이 낮은 삼투율 때문에 TTS에 적합하지 않으며, 에센셜 오일의 구성 요소는 이들의 삼투율을 향상시킨다. 그리고 cineole과 d-limonene이 haloperidol의 삼투력을 향상시키는 반면에 d-limonene은 chlorpromazine의 피부 삼투력을 약화시켰다. Cineole은 rosemary, cardamon, spike lavender, sage 및 eucalyptus에서 발견되는 산화물이다(Bowles 2000). Limonene은 여러 가지 citrus-peel 오일에서 볼 수 있는 물질이다. Cornwall과 Barry(1994)는 12-sesquiterpene이 5-fluorouracil을 증가시키는 기능을 연구 조사한 결과 침투 향상제로써 그 가능성을 발견하였다.

피부는 인체에서 가장 큰 조직이다. 이는 또한 내적 평온이나 혼동의 징후를 외부 세계에 보여주는 스트레스 지표이기도 하다. 피부관리의 상당 부분은 경피 흡수를 돕기 위한 제품 및 방법들을 사용하고 있다.

현대의 라이프 스타일 변화에 맞춰서 '정신 - 육체 - 마음'의 건강한 아름다움을 실현하는 아로마테라피의 전인적인 접근과 통합적인 생물학에 대해서 알아보기로 한다.

1) 전인적 접근은 무엇인가?

전인적이라는 용어는 그리스어의 holos, 즉 전체라는 뜻에서 유래가 되었다.

전인적 접근이나 치료는 사람을 신체 증상이나 문제 중심으로 보지 않고 심리적, 환경과 영양 그리고 그 효과들, 긍정적 부정적인 것을 모두 포함하여 이러한 것들이 신체에 모두 함께 존재한다고 본다.

2) 통합적 생물학이란?

통합적인 생물학은 우리의 신체와 정신적 건강에 영향을 미치는 환경을 연구하는 학문이다. 하루 일상에서 우리가 하는 모든 일은 신체에 영향을 미친다. 예를 들면, 불편한 작업 환경은 스트레스, 피로감 그리고 불안, 우울, 심장질환 등과 같은 스트레스 관련 증상의 원인이 된다. 집에서의 운동 부족과 나쁜 식사 그리고 너무 많이 오래 앉아 있는 활동들(텔레비전 시청, 글쓰기, 읽기, 컴퓨터 사용 등)은 비슷한 증상의 원인이 될 수도 있다.

3) 무엇이 통합적인 생물학에 영향을 미치나?

여러 가지 요소가 통합적인 생물학에 영향을 미치는데 긍정적인 면과 부정적인 면들이 있다.

(1) 부정적인 요소들

① 운동 부족

② 가공식품

③ 화학적으로 가공된 과일과 채소

④ 신선한 공기 부족

⑤ 과음

⑥ 스트레스성 직업

⑦ 애도

⑧ 과도한 카페인 섭취(티, 커피, 콜라)

⑨ 수면 부족

⑩ 경제 문제

⑪ 가족에 대한 걱정

⑫ 부부관계에 대한 걱정

⑬ 컴퓨터나 복사기와 같은 전자기기 가까이에 있는 시간이 너무 많음

⑭ 흡연이나 환기가 잘되지 않은 집이나 사무실

⑮ 내적인 문제와 걱정들

(2) 긍정적인 요소들

① 규칙적인 운동

② 신선한 올가닉 혹은 화학적으로 처리되지 않은 과일과 채소

③ 다양한 식사

④ 다량의 수분 섭취

⑤ 집과 업무에서의 규칙적인 휴식

⑥ 너무 오래 같은 장소에 서 있거나 앉아 있는 일을 피하도록 일을 재조직한다.

⑦ 신선한 공기를 취하고 수시로 창문을 열어 환기하도록 한다.

4) 어떻게 아로마테라피로 해결할 수 있는가?

외부 환경의 불균형은 내부의 불균형을 초래한다. 그러므로 신체적 증상을 치료하기에 앞서 외부의 영향을 먼저 조절해야 한다. 순환장애는 심한 혈액 문제로 나타날지 모르나 운동 부족과 식이에서의 영양 부족이 원인일 수도 있다. 아로마테라피는 신체의 균형을 빨리 회복하기 위하여 가능한 하나의 원인뿐만 아니라 여러 증상과 그 증상들의 진정한 원인을 치료하는데 목표를 둔다.

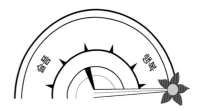

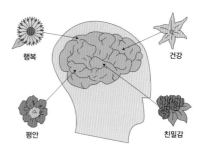

5) 아로마테라피스트들은 어떻게 고객들의 여러 가지 증상들의 원인을 찾아낼 수 있는 것일까?

조심스러운 여러 가지 질문과 상담에 의해서, 고객이 아로마테라피스트에게 관리를 받으러 오면 아로마테라피스트는 그 고객의 문제 등에 대해서 가능한 많이 알아내야 한다. 병력, 가족력, 치료의 금기 사항, 현재의 질병 혹은 신체적 및 심리적 상태, 가족 사항, 직업과 작업 환경, 가정과 직업에서의 스트레스 정도, 취미, 생활 양식(얼마나 앉아 있는지, 활동적, 비활동적, 긍정적, 부정적…) 식이와 운동 등이 모두 포함되어야 한다.

아로마테라피스트들은 또한 비언어적인 단서, 즉 신경학적 습관과 고객의 일상적인 생활에 대한 정보와 나쁜 자세 등도 관찰해야 한다.

아로마테라피스트들은 고객의 다음 방문 시 어떠한 변화가 있었는지 체크해야 하고 에센셜 오일의 선택, 관리 적용 방법을 선택하기 전에 반드시 고객과 의논해야 한다.

6) 증상의 원인이 발견되면 아로마테라피 단독 관리만으로 치료될 수 있나?

어떤 경우에는 가능하다. 그러나, 아로마테라피스트들은 홈케어 관리를 조언할 수도 있다. 즉 아로마테라피는 치유 과정의 한 부분이다. 처음의 문제가 되는 증상이 계속되면 증상의 원인이라고 설명할 수 있다. 또한, 아로마테라피는 의학을 대신하는 것이 아니라 전통적, 병리학적으로 의학을 보조한다는 것을 기억하기 바란다. 어떤 경우에 있어서는 전통적인 의학으로 사용될 수도 있다.

7) 전인적 접근이 왜 중요하나?

아로마 치료가 각 개인의 생활을 포함하는 개개인적인 치료이기 때문이다. 이것이 항상성(homeostasis)이라고 부르는 개인적 건강과 신체 균형을 정상화할 수 있게 도와준다. 더 나아가 가장 최선의 치료 효과와 적용에 가장 적합한 에센셜 오일의 선택은 통합적인 생물학의 모든 이론적 근거에 의해 선택되어야 한다.

이제 전인적인 접근과 통합적 생물학에 대해 이해가 됐으리라 생각한다. 다음은 어떻게 아로마 치료가 병원이나 호스피스에서 이용되며 적용되는지 알아보기로 하자.

8) 아로마테라피가 건강관리에는 어떻게 쓰이고 있나?

에센셜 오일은 신체적, 정신적 그리고 약물학적으로 건강에 도움을 준다, 그래서 건강 간호 환경에 적합하게 사용된다. 질병이 있거나 병원에 입원할 때 환자는 오감 중에 한 가지 이상의 영향을 받는다. 냄새는 기억과 나머지 신체 부분에 매우 강한 자극이 되며 아로마테라피의 향기와 터치가 함께 환자에게 큰 영향을 미친다. 항생제에 저항력을 가진 수퍼버그(superbugs)의 출현과 이에 대한 연구에서도 에센셜 오일이 이러한 박테리아의 성장을 저해하거나 신체 조직의 느린 치유를 조절해 준다.

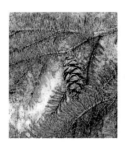

9) 아로마 치료는 어느 때 적합하지 않는가?

아로마테라피에 있어서 의료팀, 아로마테라피스트 그리고 고객 사이에 의사소통이 요구된다. 테라피스트는 치료의 어떤 금기 사항이나 고객이 정기적으로 복용하는 약을 알고 있어야 한다. 아로마테라피스트는 또한 특별한 형태의 치료가 요구되는 경우 의사의 동의서를 요구할 수도 있다. 몇몇 의료팀은 의료 소송의 위험 때문에 서면 동의서를 거절하기도 하지만, 상당수의 의사들은 그들의 환자들이 자신의 건강에 대해 의사결정을 할 수 있다고 생각한다.

10) 어떤 주의가 요구되나?

의료 환경에서 일할 수 있는 테라피스트들은 현존하는 간호 계획을 인식하고 있어야 하며 자세한 상담 기록을 보관하고 오일의 종류와 공급되는 곳를 잘 인지하여 기록해 놓아야 한다. 다른 약들과 혼합된 오일들에 대한 기록은 손이 잘 닿지 않는 곳에 보관되어야 한다.

11) 아로마 치료가 학습장애나 특별한 장애가 있는 사람들에게도 적합한가?

이러한 특별한 경우에 있어서의 에센셜 오일의 사용은 좀 더 광범위하게 사용된다.

아로마테라피는 고객들의 반복적이거나 제한된 운동 때문에 신체적 문제로 고통받고 있다면 라벤다(lavender) 같은 오일을 바르면 피부를 보호하고 증상의 완화를 도와준다. 효과로는 수면을 돕고 신체적 경련을 이완시킨다.

12) 아로마테라피를 노인들에게 사용할 수 있나?

사람들이 80 혹은 90대까지 점점 수명이 연장되어 아로마테라피로 노인들을 치료하는 영역은 점점 확장되고 있다. 전통적인 가족에서의 간호자의 역할이 변화되고 이러한 업무가 전문인에게로 옮겨지게 되었다. 아로마테라피는 사별, 집을 잃음, 새로운 곳으로 옮김(예 : 양로원으로 옮김), 새로운 친구를 사귀거나 아픈 배우자를 가지게 되는 특별한 상황에 적용이 된다. 신체적 접촉의 상실이 흔히 노인들에게서 발견되고 그 변화의 결과로 고립된다. 아로마테라피는 여러 단계에서 적용되는데 신체적, 정신적 및 건강 문제 모두에 사용될 수 있다.

13) 아로마테라피가 말기 환자에게 도움을 줄 수 있나?

호스피스(즉 말기 환자나 치료가 불가능한 환자) 환자의 간호에 아로마테라피에 대한 다각적인 연구가 이루어졌다. 에센셜 오일은 통증 완화에 사용되고 다른 치료의 부작용을 적게 하며 말기 질환을 앓고 있는 환자나 그 가족들이 겪는 스트레스를 완화시킨다. 스트레스를 줄이거나 다른 통증 완화 그리고 단순한 접촉이 중요하다고 인식되는 몇몇 프로그램이 병원이나 의료기관에서 이루어지고 있다.

14) 어떤 치료가 병원 환경에 맞는가?

에센셜 오일은 여러 가지 간호 세팅에서 이용된다.

(1) 마사지(Massage)

건강 문제로 신체의 움직임이 제한되어 있는 경우 전신 마사지가 이를 예방할 수도 있으나 사용 가능한 신체의 부분 마사지도 이완 작용을 하면서 일시적 통증을 줄여준다. 혈액순환이나 림프계 순환이 좋지 않은 환자들은 아로마 마사지가 이것들을 자극하여 도움을 준다. 아로마테라피스트들은 투약 중인 약을 고려하여 에센셜 오일을 선택하거나 블랜딩을 할 때 가능한 부작용을 잘 살펴야 한다. 혼합 오일 또한 투약으로 인한 환자의 예민한 피부, 매우 약하고 손상된 환자의 피부 등을 고려하여 신중하게 선택하여야 하며 주의해서 적용하여야 한다.

(2) 습포(Compress)

냉습포나 온습포는 관절이나 근육의 통증을 완화시키거나 열을 내리게 한다.

(3) 족욕과 수욕(Foot/hand baths)

수기 치료와 아로마테라피의 경험이 없는 잘 움직이지 못하는 사람들에게 유용하다. 차갑거나 뜨거운 물이 사용되며 환자의 요구에 따라 특별한 에센셜 오일이 선택되기도 한다.

(4) 흡입(Inhalation)

가장 간단한 방법이면서 아로마테라피의 효과를 잘 나타내는 중요한 적용 방법이다. 한두 방울의 오일을 화장지에 묻혀서 흡입하게 한다. 이 방법은 스트레스, 우울, 불안과 같은 정서적인 문제에 유용하며 환자가 항상 에센셜 오일과 화장지를 소지하고 다니면 언제든지 사용 가능하다. 흡입 방법은 환자가 원하는 에센셜 오일을 선택할 수 있다.

(5) 버너/증발기(Buner)

전기 버너를 사용 시 주의가 필요하다. 코일이 뜨거워짐에 따라 오일이 공기로 증발된다. 전기 안전주의가 요구된다. 전기선이나 물 가까이에 놓지 않아야 한다. 사용시 주의 사항을 반드시 따라야 한다. 장비는 또한 아주 미세한 오일 입자를 공기로 뿜어내는 펌프 형태의 분무기나 증발기의 형태도 있다. 만약 환자의 면역 체계가 약해져 있다면 증발기에 항균 에센셜 오일을 사용하는 것이 좋다.

15) 어떤 다른 오일이 특별히 도움이 되나?

병원, 양로원, 호스피스 혹은 재활병원에 있는 환자들은 종종 이러한 그들의 건강 변화와 환경 변화 때문에 스트레스를 많이 받는다. 이러한 증상들은 신체적 정신적으로 나타나는데 불안, 우울, 좌절과 화 등이 일반적이고 근육 관절통, 두통, 소화장애, 부종 그리고 순환 문제 등이다. 이러한 문제를 치료하는 몇몇 유용한 에센셜 오일들이 있다.

(1) 근심/우울/스트레스(Anxiety/depression/stress)

Basil, benzoin, bergamot, chamormile(Roman), clary sage, cypress, frankincense, geranium, jamine, lavender, mandarin, Melissa, neroli, patchouli, petigrain, rose, reosewood, sandalwood, sweet marjoram, vetiver, ylang ylang.

(2) 슬픔/사별(Grief/bereavement)

Benzoin, chamomile(Roman), cypress, geranium, lavender, mandarin, Melissa, neroli, patchouli, rose, sweet marjoram, myrrh, vetiver.

(3) 상처/흉터/피부 재생(Wounds/scars/skin healing)

Bergamot. Chamomile(Roman and blue German), Cypress, eucalyptus, frankincense, geranium, juniper, lavender, lemon, myrrh, patchouli, tea tree.

(4) 근육의 질환(Muscular problems)

Black pepper, cypress, clary sage, ginger, grapefruit, lavender, lemongrass, sweet marjoram, rosemary, thyme.

(5) 관절의 질환(Joint problems)

Benzoin, black pepper, chamomile(Roman and blue german), eucalyptus, ginger, juniper, lavender, lemon, myrrh, pine, sage, thyme, vetiver.

3. 아토피 (Atopic Dermatitis)

아토피 증상은 유전적 요인이나 환경적 요인으로 발생하게 되며 특히 잘못된 식습관이 증상의 악화 현상을 초래한다. 피부 가려움증이 대표적인 증상이다. 이는 생후 4~5개월 즈음 고체 음식이 식사에 들어가는 시기에 발달하기 시작한다. 이 시기 전에 알레르기가 발생하는 것은 파우더 밀크에 기인하는 경우이거나 모유일 가능성이 높다. 영아 습진은 세 살 정도가 되면 사라지지만, 어떤 경우에는 성인이 되도록 사라지지 않는 경우도 있다.

습진은 천식과 건초 열과도 관계가 있으며, 이러한 증상들이 동시에 발생하는 경우도 있다. 유전적인 요소도 있다. 습진이 알레르기성이라면 그 원인이 밀, 낙농 제품, 계란, 애완동물의 털, 모, 연수제(water softener agent), 섬유 유연제 등에 있을 수 있다. 습진은 또한 스트레스나 불안증으로 인해 유발될 수 있다.

1) 징후와 증상

- 피부가 건조하고 부스러지거나 갈라진다.
- 피부가 가렵다. 홍반
- 주로 얼굴, 겨드랑이, 무릎, 팔꿈치, 손 및 생식기 부위
- cypress, juniper berry, lavender, jasmine, majoram

4. 주의력 결핍장애 (Attention Deficit Disorde : ADD)

외국에는 상당수의 어린이들이 ADD가 있으며, 이 중에는 약을 복용하는 아이들도 많이 있다. 행동 패턴의 특징은 학습장애와 사회성 기술과 연관된다. ADD는 여자아이들보다 남자아이들한테서 더 많이 보이며 가족력과도 관계가 있다. ADD에는 ADHD 증상도 포함된다.

1) 징후와 증상

- 주의력 범위가 짧다. 쉽게 산만해진다. 집중이 어렵다.
- 정리하는 것이 잘 안 된다. 자주 물건을 잃어버린다. 학습장애가 있다.
- 지침을 따르는 것이 어렵다. 권위를 수용하지 못한다.
- 충동적 행위와 무드 변화가 크다.
- 학업 성적이 좋지 않다.
- ADHD(과잉 행동) : 수면 부족 : 두통

이외에도 아주 구체적인 증상 신호도 보인다. 선생님이 묻지 않았는데에도 소리쳐 대답한다. 줄 서는 것이 어렵다. 공포 감각이 없는 사람처럼 위험한 행위를 한다. 이러한 이유로 많은 아이들에게 약 처방을 한다. 이제까지는 ADD에 대한 원인이 구체적으로 알려진 것이 없다. 복합적 요소가 존재할 가능성이 있다. 증상은 아이에 따라 다르게 나타난다. 신경계 장애, 두뇌 장애, 뇌 손상, 조기 출산, 마약 위존 아기 등이 있을 수 있다. 환경적 원인으로는 농약, 식품첨가제, 대기오염 등이 있다. 면역 조치로 인해 발생한다는 연구 결과도 있다.

이러한 모든 것을 염려하기 전에 우선 아이에게 ADD가 있는지 확인하는 것이 중요하다. 위에 언급한 증상들은 정상적인 발육 과정에 있는 아이들에게도 적용되는 경우가 많다. 아이들은 모두 지루해하며 짜증도 낸다. 그리고 충동적으로 행동하기도 한다. ADD 증상 중에 하나는 "장난감 하나만 갖고 놀지 못하고 다른 장난감으로 넘어간다."이다.

모든 아이한테서 이러한 현상을 볼 수 있다. TV를 예를 들자면, 요즈음엔 채널이 수도 없이 많다. 그러니까 리모트 컨트롤로 여러 채널을 왔다갔다 하는 것이다. 옛날에는 장난감 자동차 하나만 갖고 온종일 방안에서 밀고 다녔다. 지금은 상황이 다르다. 그러므로 아이들에게 시간 투자를 더 많이 하여 천천히 가는 방법을 가르쳐야 한다. ADD 특징 중의 일부는 어른들에게 적용된다. 부주의로 인한 실수를 하며, 지침을 내릴 때에 주목하지 않으며, 권위에 대한 존중심이 없으며, 할 일이 있는데도 임무를 마치지 않는 등의 증상을 나타낸다.

에센셜 오일을 사용하여 목욕법을 권장한다.

5. 집중력 (Concentration)

연구에 의하면 특정 에센셜 오일이 집중에 도움이 된다는 것이 증명되었다. 램프 확산법으로 적용한다.

lemon   begamot   grapefruit   pine

흡입법은 마사지나 목욕이 어려울 때에 에센셜 오일의 효과를 얻을 수 있는 좋은 방법이다.

6. 스트레스 (Stress)

1) 징후와 증상

- 정신적 의사소통 부재 감정 부재 : 특별한 이유 없이 분노, 절망감, 불면증, 비밀스러워진다.
- 흥분성 : 이 갈기, 근육 긴장, 피로감 그러나 잠은 잘 잔다.
- 식욕의 변화 : 공격성, 숨을 가쁘게 쉰다.
- 휴식 효과 : 라벤더 3방울, 제라늄 3방울 그리고 마조람 3방울
- 침착하고 진정되는 효과 : 로즈 4방울, 재스민 3방울
- 확실한 활력소 효과 : 클라리 세이지 3방울, 버가못 4방울

아이들의 스트레스는 시험 압박, 정서적 문제, 또래들로부터의 압박, 가정생활의 어려움, 학교 경쟁에서 오는 압박, 부모의 지나친 기대감, 감당할 수 없다는 느낌, 절망감, 그리고 모든 것이 마음대로 되지 않는다. 자기 자신을 포함해서.

증상에는 흥분성(irritability), 유머 감각의 상실, 의사 결정의 불가능, 집중 불가능, 논리적인 수서로 업무 처리 불가능, 방어적인 감정, 내적 분노, 삶의 대부분에 대한 무관심 등이 있다. 또한. 불면증, 발한, 헐떡임, 기절, 식욕 상실과 폭음, 소화불량, 변비 혹은 설사, 두통, 경련, 근육 경련, 습진, 천식, 마른 버짐, 호흡 문제 등도 있을 수 있다.

7. 불면증 (Insomnia)

불면증은 잠을 잘 수가 없거나 휴식이 없어서 수면 패턴이 깨지기 시작했기 때문이다. 정신적 스트레스, 영양 부족, 호르몬의 불균형, 급한 성격 등이 잠을 못 자는 원인이 된

다. 걱정은 우리 머릿속에서 계속 이어진다. 특히 잠자리에 들면 더 심해진다. 잠 이루지 못한 밤은 스트레스와 불안감을 더 많이 안겨다 준다. 칼슘이 부족하면 잠들기가 힘들고, 마그네슘이 부족하면 수면 패턴이 깨져버린다. 꽃에서 추출한 에센셜 오일이 스트레스를 완하시켜 주는 작용을 하고 뿌리에서 추출한 에센셜 오일은 특히 불면증에 효과적이다. (잠자기 전 블랜딩한 오일을 흡입한 후 발에 가볍게 발라준다.)

- 1방울 베티버
- 5방울 오렌지
- 4방울 라벤더
- 20ml의 스윗 아몬드 오일

8. 감성 아로마테라피

자연에 대한 인간의 향수 그리고 삭막한 도시 생활에서 느낄 수 없는 사랑과 정, 그리고 빠른 도시화로 인한 환경오염은 인간의 생명과 건강을 위협할 만큼, 21세기를 살아가는 우리에게 중요한 쟁점이 되고 있다.

인간이 만들어 놓은 인위적인 분위기 속에서, 좋아하는 향을 맡으며 인간의 원초적인 기능을 회복시키고, 행복한 삶을 만들어가기 위해 오늘도 달콤한 향기를 전한다.

사회가 산업화, 전문화되어 가면서 현대인들의 삶은 풍요로워졌지만 반면에 점점 더 복잡해지고 구조화되어 가고 있는 과정에서 다양한 원인들로 인한 스트레스에서 벗어나지 못하고 있다. 기업 또한 조직의 구성원들에게 더 나은 직무 성과를 기대하고 있으므로 직장인들은 육체적 심리적으로 부담감이 가중되고 있다. 어떤 직업을 가졌던지, 라이프 스타일(life style)이 어떠하든, 일(work)은 우리의 인생에서 아주 커다란 의미를 가지게 한다.

하지만 안타깝게도 스트레스는 작업 수행 과정에서 피할 수 없는 부분이며, 모든 현대인의 질병 원인이다. 이렇듯 현대인들의 스트레스 및 피로감으로 발생하는 신체의 평형 상태의 불균형과 면역기능의 저하를 아로마 에센셜 오일의 치료적 성분(therapeutic effect)을 이용한 아로마테라피(aromatherapy)가 직장에서 이어지는 긴장과 스트레스를 다스리는 여러 가지 방법을 알려줄 것이다. 아로마테라피(aromatherapy)가 여러분의 IQ를 높게 한다거나 꿈을 향해 달리는 속도를 몇 배로 증가시켜 준다는 기대는 하지 마라. 그러나 영화 속에서의 일시적인 변신이나 카페인이 들어 있는 두통약의 일시적인 효과가 아니라는 것은 이미 경험했을 것이다.

스트레스로 인한 인체에 나타나는 결과물은 신경계의 긴장과 근육계의 긴장으로 인한 뭉침과 통증의 유발이다. 또한, 피부로 나타나는 증상은 면역계의 기능 저하로 인한 아토피 및 민감 현상, 내분비계에 나타나는 현상은 호르몬의 불균형과 생식계에 나타나는 현상은 생리불순 및 월경증후군이다.

긴장감에서 편안함과 휴식을 얻고자 할 때 주로 향기만으로도 기분을 고양시키며 사기를 높여준다. 또한, 오랜 시간 동안 사무실에서 집중할 수 있고 에너지를 유지할 수 있도록 도와주기도 한다. 아로마테라피는 직장 상사, 동료, 고객에게 분위기의 변화를 보여주고 싶을 때 커다란 도움을 줄 것이다. 아로마테라피(aromatherapy)는 에센셜 오일들을 이용하여 이완, 에너지 증가, 스트레스 감소 및 정신, 신체, 영혼의 불균형을 회복시키는 전인적인 치유 방법이라고 로버트 티서랜드(Robert Tisserand)는 이야기하였다.

우리가 우리의 감정을 연출할 수 있다면, 생각과 행동 또한 편안해질 수 있는 것이다. 행복한 생각은 우리 인체를 이완시키므로 신경계와 근육계, 나아가서 혈관계에도 긍정적인 작용을 하여 흔히 말하는 인체의 쾌적한 상태에 이르게 될 것이다.

대뇌의 변연계는 기억과 후각의 중심으로 어떤 종류의 향(기억과 집중력을 자극)으로

기억하는 능력을 개선시키는 역할을 한다. 사람의 본능은 좋은 냄새를 맡으면 즐겁고 행복하지만, 불쾌한 냄새를 맡으면 불행하거나 고통스러웠던 기억을 떠올리거나 기억하게 된다. 이러한 에센셜 오일의 역할과 인간이 갖고 있는 심리기전을 의학적 분야(정신신경)에서 연구하고 있는 것이 아로마 콜로지(향유심리학)이다.

9. 아로마콜로지(aromachology)

향기와 생리, 심리학 사이의 관계를 연구하는 학문으로서 향을 맡았을 때 몸과 마음의 생리적, 심리적 효과를 밝히는 과학 연구의 총칭으로 아로마콜로지(aromachology)라는 용어를 사용한다. 아로마콜로지는 향기 분자가 후각을 통해서 변연계를 자극하여 진정, 기분 고양, 감수성, 행복감, 평온함 등의 감정이나 기분을 일게 하는 향의 효과와 심리학 사이의 상호관계를 탐구하는 과학이다. 재현 가능한 임상실험을 통하여 효능을 입증할 수 있으며 양적 측정 용어를 사용해서 효과를 측정한다.

1) 아로마콜로지(aomadhology)의 효능

몸과 마음은 본질적으로 연관이 되어 있기 때문에 감정이나 심리적인 문제는 결국 신체적 건강에 커다란 영향을 미치게 된다. 예를 들어서 스트레스가 심해지면 몸과 마음의 균형이 깨지고 자율신경계의 불균형도 초래하게 되어 쉽게 분노하고 알 수 없는 통증을 호소하게 되기도 한다. 변연계는 감정을 조절하는 중심이기 때문에 냄새에 매우 민감하다. 특정한 향기로 사람의 감정을 변하게 하고 그로 인해 행동의 변화를 가져온다. 이것은 정서의 이동이 신체의 변화를 가져다 주는 두뇌의 역할 때문이다. 곧, 긍정적 이미지를 주는 향은 사람의 태도를 변하게 하고 즐거움을 준다. 쾌적한 냄새는 자존감은 높여주며 직장에서의 일의 능률성을 높여준다는 연구사례도 있다.

향료는 화장품과 밀접한 관계가 있다. 향수 등의 화장품 향료와 화장품 산업의 특성상 상품의 디자인, 패션, 유행 감각, 브랜드 이미지 관리 등의 이미지 창출 분야가 매우 중요하며, 향료 분야 역시 그러한 이미지 역할이 크게 부각되고 있는 실정이다. 이러한 이미지 창출은 기술력으로만은 만들어 낼 수 없으므로, 인간의 정서와 감정적인 면을 이해해야 하는 심리적인 분야이다. 어떤 특정 향이 특정 신체적 영향을 주기도 한다. 예를 들어, 라벤더는 차분하게 진정 작용을 하는 향인 반면, 바질은 자극을 주어 활성화시키는 향이다. 하지만 주관적인 심리적 요인이 객관적인 신체적 반응보다 많은 영향을 줄 수도 있다. 특정한 향기에 개개인이 어떻게 반응할지를 명확하게 한다는 것은 매우 어렵다. 이것은 어느 특정한 향기의 효과는 특정한 감정과 관련되거나 심리적으로 우월하게 선호되는 것이 있기 때문이다. 일반적으로 기분 좋지 않은 향이라고 해도 어떤 사람에게는 그것이 긍정적인 결과를 줄 수 있다. 예를 들어 제라늄은 어떤 사람에게는 긍정적 감정 유발로 신경을 안정을 시켜주는 반면, 어떤 사람에게는 신경을 더욱 날카롭게 할 수도 있다. 향의 선택과 사용은 사용자가 선호하는 향과 치료적 효과를 위한 향으로 구분되어야 하겠다.

(1) 직장에서 향기 적용하기

① 공기 중에 분사 : 에센셜 오일을 이용한 에어 프레시너(air freshener)는 다양한 장소에 적용할 수 있다. 학교에서는 캐모마일과 라벤더를 희석하여 사용하면 학생들의 집중력을 증가시키며 조용하게 집중하는 효과가 있다.

② 플러그 디퓨저 : 전기 아로마테라피 디퓨저는 시간에 맞추어서 규칙적으로 분사시킨다.

③ 흡입기 : 개인의 취향과 증상에 따른 에센셜 오일을 단독으로 사용할 수 있으므로 편리하다.

④ 손수건의 향 : 정신을 바짝 차리고 싶을 때나 에너지가 필요로 할 때 손수건에 에

센셜 오일을 묻혀서 사용하는 방법으로서 비행기나 기차로 여행을 할 때에도 적합하다.

⑤ 향수 : 에센셜 오일을 코롱으로 사용한다.

⑥ 핸드 로숀 : 일이 많아 정신적, 육체적으로 힘이 드는 날에는 향 로숀으로 사용한다.

⑦ 향 피우기 : 주위의 의식이 필요하지 않은 오픈된 넓은 장소에서는 아로마 향을 피우는 것이 강한 효과가 있다.

만약 몇 분의 여유를 가질 수 있다면 만들어진 핸드 로숀을 이용하여 손, 팔, 목 등을 문지르거나 마사지한다.

(2) 향기로 휴식과 에너지 충전하기

일을 하기 위한 직업을 갖기 위해서 에너지를 키우는 것도 중요한 일이다. 한 가지 방법으로는 향기가 있는 장소에서 일을 하는 것이다. 향기를 연구하는 심리학자의 말에 의하면 아로마는 정신적인 끈기와 집중력, 능률 그 외에도 환경적인 요건에서는 많은 즐거움을 증가시키는 역할을 한다고 했다.

① 주의력을 높인다 : 향기는 누구든 일한 후에 급격히 원기가 소모되는 것을 막아주며, 에센셜 오일은 우리 몸의 기관에 작용하여 정신적 에너지를 강하게 유지하도록 한다.

② 부작용이 없다 : 중추신경계를 자극하여 반작용으로부터 평온하게 한다. 스트레스를 받았을 때는 아드레날린이 증가하여 혈압의 상승과 신경의 과민반응을 조절한다. 라벤더는 진정 작용을 하므로 신경계의 흥분을 줄인다.

③ 작업 수행 능력의 증가 : 향기 나는 곳에서 컴퓨터 작업을 했을 경우 88%의 정답률이 나왔고 향기가 없는 곳에서는 65%의 정답률이 나왔다. 페퍼민트, 벤조인, 시나몬과 같은 자연 향이 사용된다. 컴퓨터를 할 때에는 레몬 향이 반 이상의 실수를 줄여준다.

(3) 기억력 증진하기

바질, 클로브, 재스민 그리고 페퍼민트와 같은 향들은 뇌파를 자극하여 뇌의 활동을 촉진시키며 육체의 평안함을 제공한다.

긴장이 필요하거나, 잠에서 깨고 싶을 때는 5분 간격으로 아로마 향을 흡입하거나 일하는 곳을 아로마 향으로 가득 차게 한다.

① 바질   ② 벤조인   ③ 블랙 페퍼   ④ 클로브   ⑤ 진저

기억력 증가 : 기억은 생각하고자 하는 무엇이다. 기억 속에 저장된 데이터를 불러낼 능력이 없다면, 기억 능력이 떨어지는 이른 아침, 어떻게 신발이나 시계를 찾을 수 있으며 어떻게 출근을 할 수 있을 까? 우리는 순간순간의 기억을 사용한다. 그렇기 때문에 기억력이 쇠퇴해지면 우리는 불안해하는 것이다.

아로마 에센셜 오일은 장소, 이름과 같이 우리들의 중요한 사건들을 기억하는 것을 돕는다.

어떤 사건들을 기억해 내기 위해서는 두뇌의 여러 부분들의 신경세포들이 자극을 받아서 작업을 하게 되므로 두뇌가 운동을 하게 된다. 즉 신체적 움직임이 정서의 변화를 가져오게 된다.

① 많이 기억하기 : 향기가 있는 곳에서 일을 하라. 그러면 우리의 뇌에서 저장된 파일들을 더욱 빠르고 쉽게 기억해 낼 것이다.

② 아로마는 뇌의 림빅 시스템에서 바로 후각을 통한 향기를 생각의 진행과 기억하는데 직접적으로 영향을 준다.

③ 향기의 결합 : 생각지도 않았던 향기가 잊었던 옛 기억을 불러일으킬 때가 있다. 시각적 기억보다 후각적 기억이 더욱 선명하다.

④ 혈액의 순환 자극 : 아로마의 향을 흡입하는 것은 자동적으로 많은 양의 산소를 흡입하는 것이다. 기억력 감퇴의 한 가지 이유로는 뇌에 산소가 부족하기 때문이다.

흡입하자! 깊은 호흡은 많은 산소를 뇌로 보낸다.

(4) 평온한 감정 유지하기

근심은 다양한 얼굴들을 보여준다. 약간의 걱정은 그다지 문제가 되지 않지만, 일시적 스트레스로 인한 아드레날린의 분비는 손에 땀이 나게 하며, 말하기 힘이 들어 입안이 마르게 된다. 최상의 뇌의 기능을 만들기 위해서는 감정적으로 안정되기를 기대한다. 의심, 노여움, 불신, 두려움과 같은 감정들을 피하고 일에 집중하려고 하는 것은 전혀 문제 될 것이 없다. 그것에 대한 보상을 받고 자기 의식 모으기에 다가갈 수 있다. 이 모든 말들이 너무 어렵게 느껴질지도 모르지만 두뇌의 보상 시스템은 적절한 자극으로 인한 결과이다. 아로마테라피는 자연스럽게 우리들의 감정적 평형 상태를 제공한다. 단지, 라벤더, 샌달우드와 같은 에센셜 오일의 흡입으로만으로도 고유 리듬인 뇌의 알파파(4~8HZ)를 증가시킨다. 알파파는 뇌의 이완 상태 시 발생하며 두뇌가 정신적인 평안함과 정신적 고양을 시키므로 사소한 문제들로 인한 불안을 감소시키는 역할을 한다.

라벤더   샌달우드

(5) 우울함을 날려 보내기

우울증의 증세가 있거나, 잠시라도 기분이 다운된 적이 있다면 다음과 같은 항우울 에센셜 오일을 사용하면 된다.

① 버가못   ⑦ 일랑일랑
② 캐모마일   ⑧ 로즈
③ 시나몬   ⑨ 멜리사

④ 클라리 세이지   ⑩ 라벤더

⑤ 사이프러스   ⑪ 오렌지

⑥ 레몬   ⑫ 페티그레인

직장에서 발생되는 여러 가지 스트레스들을 즉각적으로 각자가 빠르게 체크 하여 적절한 에센셜 오일과 적용 방법을 선택하여 사용한다. 이로 인해 스트레스가 감소되고 피로가 완화되어서 쾌적한 기분으로 일에 임한다면 상사와 동료들에게도 웃음 띤 모습으로 즐거움을 제공할 수 있을 것이다. 이것이 즉 내가 설정한 목표를 향해 빠르게 다가갈 수 있는 지름길이 아닌가 생각된다. 나에게 어울리는 에센셜 오일은 어떤 것일까? 내가 좋아하는 향인가? 나의 증상에 적합한 에센셜 오일인가?

10. 에너지 아로마테라피

현대의 건강관리 산업은 서구적인 방법의 많은 부분을 적용한 인본주의적인 접근 방식이다. 우리 내부 인성 관계를 통해 다른 사물과 연결하고 있는 존재는 인간 전체에 대한 존재의 의미를 배제한다. 인간 욕구와 인간적 문제 해결의 합리적인 방법을 강조하는 인본주의 경향은 삶을 물리적, 사회적, 정신적으로 분리하고, 영적이고 형이상학적인 문제들을 정신적인 문제라고 한다.

1) 영(靈)이란?

영은 인간의 마음과 신체의 한계를 초월한다. 그것은 어떠한 물리적인 것에 제어당하지 않으며 혼자가 아니라는 점을 확신시켜 준다. 어떤 의미에서는 단순히 보다 깊은 의미와 삶의 목표와의 연결이라고 생각할 수 있지만, 반드시 성스러워야 한다는 의미는 아니다. 우리는 흔히 완전한 영적 웰빙 상태에 있지 않을 때 아프거나 병이 들었다고 말한다. 그 상황에서 우주와 우리의 영적 범주에서 우리 자신의 위치에 대한 이해를 하고 심화시키지 않는다면 더욱 건강이 나빠질 것이다. 이렇듯 우주 속에서의 우리의 위치에 대한 이해와 존재의 의미를 찾지 못한다면 자아 상실감, 무기력, 우울중 등으로 인해서 정상적인 생활을 해나가기가 어렵게 된다.

　Jones는 영(靈)이란 '우리 내부 원천에 대한 영혼의 조절'이라고 했다. 내적인 욕망에 대한 제어가 조율된 삶이며, 목표이다. 영적인 체험은 삶을 깊이 있고, 다양하게 변화 시킬 수 있다.

2) 에너지(Energy)

　다양한 문화권에서 에너지란 개념을 사용하고 있다.

　중국은 Qi, 인도에서는 prana로 쓰이고 있으며 모두 치료를 도와주기 위해서 사용되고 있다. Oschman은 인체의 미묘한 에너지를 수치화할 수 있는 광범위한 과학적 연구에 대해서 말했다. 모든 삶은 진동이나 파동 에너지 영역을 통해서 상호작용하는 분자에 의존한다. 또한, Gerber는 살아 있는 신체에서 각각의 전자, 원자, 화학 결합, 분자, 세포, 조직, 기관은 고유한 진동 특성이 있으며 살아 있는 생물과 지능은 지극히 규칙적이고, 생물학적 파동은 드라마틱하게 이루어진다고 했다. 또한, 그것들은 전신과 그 주변을 거쳐 도달하는 동적 진동계에 정보를 주기도 한다. 에너지 의학과 파동의학은 이 연속적인 에너지 의료를 이해하려고 하며, 치료를 보다 더 쉽게 하는 방법과 상호작용시키려 한다. 아로마테라피에서 사용되는 에센셜 오일은 각기 생물 전기적 주파수를 가지고 있다. 일반적인 에센셜 오일은 52Hz~320Hz, 마른 허브는 15Hz~22Hz, 신선한 허브는 20Hz~27Hz이며 건강한 몸은 62Hz~78Hz, 질병이 있는 몸은 58Hz~로서 높은 주파수가 낮은 주파수의 본질을 파괴한다. 예를 들면, 에센셜 오일의 항박테리아, 항균 작용이 여기에 속한다.

　에너지의학의 잠재된 미래는 에너지와 진동에 대한 이해에 적합하고 그것들이 분자 구조 및 유기체 균형과 어떻게 상호작용을 하는지에 대한 파동의학과 연결되고 있다. 높은 주파수 에너지계에 대한 우리의 인지가 결국은 인간과 생명력의 표현 법칙의 영적 차원을 이해하기 시작함으로써 '전체론' 경향은 인간이 경험한 건강에서 몸, 마음, 영혼과의 관계를 인식하고 즐거움을 인지하고 추구하려는 방향으로 갈 것이다.

3) 에너지계를 정의하기 위해 사용되는 시스템

역사를 통해서 인류는 이 복잡한 해부학적 구조를 탐험, 설명, 동작하는 다른 여러 가지 방법들을 발견해 왔다. 두려움과 영적인 것은 신비로운 에너지로 언급되어 왔다.

11. 전통 중국 의학(TCM)

Qi의 개념- 생활력 또는 우주를 관통하고 모든 생물을 유지하는 신비로운 에너지를 말한다. 여기에는 불(Fire), 음과 양(Yin and Yang), Qi 흐름의 통로인 경락을 포함한다. 이러한 모든 인자들은 신기하게도 상호 연관되어 있다.

서양에서의 '신체'는 물리적인 측면을 말한다면, 전통 중국 의학에서는 '신체'는 물리적, 감정, 정신적, 영적 측면의 복합성이 있으며 이러한 복잡성과 외부 환경과 끊임없는 상호작용을 포함한다. 전통 중국 의학에서의 경락은 생명력, Qi 라고 알려진 에너지 (energy)이고, 질병은 기관과 신체, Qi의 불균형의 결과이다. 원활한 에너지의 흐름이 곧 Qi의 균형을 맞추는 것이다.

12. 차크라(Chakra)

차크라는 인간 건강에 중요한 에너지의 다른 형태이며 영적 에너지의 가장 중요한 경로라고 할 수 있다. 몸체와 머리에 수직적으로 배열된 힘의 바퀴로 설명되며, 생각과 느낌, 특수한 내분비선의 신체 기능에 대한 이동점이다. 차크라는 세포 구조로의 특별하고 신비로운 에너지 경로를 통해 더 높은 에너지 흐름과 연관되어 나타난다.

차크라를 통한 에너지의 흐름은 우리의 인성과 감정은 물론 영적 발달에도 깊게 관여를 한다.

13. 인간의 신비로운 신체(The auras)

인체의 에너지 필드는 눈으로 볼 수 없으나 신체 주변에 존재한다. 모든 대상은 생물이든 무생물이든 고유의 에너지 필드를 갖고 있다. 예를 들면 사람이 주변에 있는 사람의 터치가 없어도 느낄 수 있는 것은 서로의 에너지 필드가 부딪쳤기 때문으로 이를 제6감(six sense)이라고 한다.

환경과 신체를 상호작용하는 것은 에테르체(etheric body)로 알려진 에너지장 또는 구조이다. Gerber에 의하면 에테르체는 실제로 물리적 신체를 이루고 있는 것보다 더 높은 진동수와 주파수를 가진 더 높은 영적 신체이다. 우리의 영혼 또는 자신 스스로 이러한 높은 영적 영향을 받는 물리적 신체를 통해서 자신을 표현한다. 영적 신체를 에테르체라고 한다면, 우리가 어떻게 느끼고, 어떻게 자신을 표현하며, 감정에 의해 어떤 영향을 받는지는 감정적 신체인 영체라 한다. 또한, 사고, 창조, 발명, 영감의 에너지와 관련 있는 것은 정신체이다. 또한, 더 높은 영적 수준까지 확장되면 인간 에너지장은 무심체가 된다. 무심체는 우리 과거의 삶의 기억 속에 남아 있으며 미해결된 정신적 외상이다.

무심체와 직접적으로 관련된 건강 문제의 독특한 형태를 트라우마(trauma)라 한다. 무심코 지나친 이미지까지도 우리 뇌의 기억력 창고인 해마 깊숙이 저장이 되었다가 비슷한 상황이 연출되거나 향이 감지되면 그때의 기억이 되살아나게 되는 것이다. 이렇듯 환경적 요인은 우리의 인격을 형성하는데 큰 영향을 미치게 되는 것이다.

아로마테라피는 '육체적 아로마테라피'와 '감정적 아로마테라피', '신비로운 아로마테라피'를 모두 포함한다. Worwood는 모든 질병은 에테르체에서 시작하고, '에너지적'이거나 '파동적'이기도 하다고 했다. 질병은 육신, 정신적, 감정적, 영적 또는 모두의 불균형에서 시작되는 것이다. 에너지적으로 사람을 치료하기 위해서는 그 사람의 전반적인 컨디션을 파악하는 것이 중요하다. 진동이 에센셜 오일과 신체의 일부분이므로 신체를 이해해야 한다.

■ 행복감을 주는 오일들

우리는 살다 보면 어느 정도 우울해질 때가 있다. 어떤 특정 이벤트 때문일 수도 있고, 그냥 만성적인 피로감 때문일 수도 있다. 휴식이나 원기 회복 프로그램의 일부로 아로마테라피는 무드와 전반적인 에너지를 향상시키는 데에 아주 효과적이다. 강하지만 비교적 짧은 시간 내의 효과를 위해서는 목욕물에 4방울의 버가못과 2방울의 네롤리를 넣은 욕조법, 아침 시간이 이상적이다. 목욕 후 피부를 부드러운 타월로 부드럽게 두드린다.

증상별 에센셜 오일

증 상	에센셜 오일
해독 (Detox)	캐롯시드, 펜넬, 제라늄, 그레이프후룻, 주니퍼베리, 레몬, 라임, 오렌지,
통증 완화 (Aches and Pains)	카제풋, 클로브버드, 유칼립투스, 진저, 라벤더, 레몬, 머틀, 마누카, 페파민트, 로즈마리, 스파이크 라벤더, 타임
관절염 (Arthritis)	블랙 페퍼, 사이프러스, 프랑킨센스, 유칼립투스, 레몬, 저먼 캐모마일, 진저, 스파이크 라벤더, 주니퍼베리, 스윗 마조람, 파인, 로즈마리, 타임
류머티즘 (Rhematism)	블랙 페퍼, 캐롯시드, 클로브버드, 저먼 캐모마일, 진저, 주니퍼베리, 라벤더, 레몬, 스윗 마조람, 넛맥, 페파민트, 파인, 로즈마리, 타임
근육통 (Muscular Pains)	블랙 페퍼, 유칼립투스, 진저, 라벤더, 주니퍼베리, 마조람, 페파민트, 파인, 로즈마리, 타임
셀룰라이트 (Cellulite)	사이프러스, 펜넬, 그레이프후룻, 라늄, 주니퍼베리, 레몬, 라임, 로즈마리, 오렌지
부종 (Fluid Retention)	블랙 페퍼, 제라늄, 저먼/로먼 캐모마일, 펜넬, 진저, 마조람, 라임, 만다린, 오렌지, 페퍼민트, 스피아민트, 텐저린
혈액순환 (Circulation)	블랙 페퍼, 유칼립투스, 진저, 레몬, 마조람, 파인, 로즈마리, 타임
생리불순 (Dysmenorhoea)	클라리 세이지, 저먼/로먼 캐모마일, 펜넬, 라벤더, 마조람, 페파민트, 로즈
생리통 (Mentrual Pain)	저먼/로먼 캐모마일, 클라리 세이지, 라벤더, 마조람, 로즈
생리증후군 (PMS)	버가못, 저먼/로먼 캐모마일, 클라리 세이지, 제라늄, 라벤더, 마조람, 네롤리, 로즈, (달맞이꽃 오일)
생리 과다 (Menorrhagia)	저먼/로먼 캐모마일, 클라리 세이지, 라벤더, 마조람, 로즈

정맥류 (Varicos veins)	레몬, 사이프러스, 제라늄
모세혈관 파괴 (Broken apillaries)	저먼 캐모마일, 사이프러스, 제라늄, 로즈
동상 (Chilblains)	블랙 페퍼, 라벤더, 마조람, 로즈마리
타박상 (Bruises)	블랙 페퍼, 펜넬, 제라늄, 라벤더, 레몬그라스, 마조람
상처 (Wounds)	라벤더, 레몬, 마누카, 미르, 티트리
기침 (Coughs)	가제풋, 시더우드, 클라리 세이지, 유칼립투스, 프랑킨센스, 진저, 히숍, 스파이크 라벤더, 마누카, 미르, 파인, 샌달우드, 타임
감기 독감 (Colds and Flu)	시나몬, 유칼립투스, 진저, 라벤더, 스파이크 라벤더, 레몬, 라임, 마누카우, 미르, 페파민트, 파인, 티트리, 타임
기관지 (Bronchitis)	시더우드, 유칼립투스, 프랑킨센스, 레몬, 미르, 페파민트, 파인, 로즈마리, 샌달우드, 타임
천식 (Asthma)	사이프러스, 프랑킨센스, 유칼립투스, 레몬, 라벤더, 캐모마일, 마조람, 페퍼민트, 파인, 로즈마리, 샌달우드, 타임
비염 (Sinusitis)	시더우드, 유칼립투스, 진저, 니아울리, 페파민트, 파인, 로즈마리, 스피아민트, 타임
가래 (Catarrh)	카유풋, 시더우드, 저먼 캐모마일, 유칼립투스, 프랑킨센스, 진저 히숍, 스파이크 라벤더, 마조람, 페파민트, 파인 티트리, 타임
소화 불량 (Ingestion)	블랙 페퍼, 저먼/로먼 캐모마일, 펜넬, 진저, 레몬그라스, 라임, 마조람, 만다린, 오렌지, 페파민트, 페티그레인, 스피아민트, 로즈마리

II

실습편
Practice

Practical use Aromatherapy

7 | *Practical use Aromatherapy*
아로마테라피 실습

1. 환경

- 쾌적한 분위기와 간접 조명을 이용한 안정감, 은은한 음악, 아로마 향
  으로 고객이 편안함을 느낄 수 있는 공간이 되어야 한다.
- 아로마테라피시에는 반드시 관리가 끝나면 환기를 해준다.
- 사용하는 집기들이 위생적이고, 정돈되어야 한다.

2. 아로마테라피스트의 자세

- 전문가로서 정돈된 유니폼과 명찰을 착용한다.
- 청결, 위생, 자기개발
- 단정한 머리, 깨끗하고 부드러운 손, 정돈된 손톱, 액세서리는 피한다.
- 고객에 대한 많은 정보(병력, 가족 사항, 직업, life style, 성격, 취향
  등)를 상세히 기록한다.

3. 실습 도구

다양한 에센셜 오일, 캐리어 오일, 비이커, 유리막대, 빈 용기, 라벨 스티
커, 조향지(면봉), 상담카드

4. 트레이 정리

5. 블렌딩

1) 블렌딩 유형

- 향에 따른 블렌딩
- 아로마테라피스트가 선호하는 향 또는 증상에 적합한 에센셜 오일을 선택한다.
- 고객이 좋아하는 향을 선택한다.

2) 블렌딩 방법

- 블렌딩한 에센셜 오일의 향을 기억한다.
- 선택한 E/O을 블렌딩할 빈 용기에 한 방울씩 떨어뜨려 섞은 후 향을 맡아보면서 좋아하는 향을 만들어 낸다.
- 블렌딩한 에센셜 오일은 반드시 기록해서 다음에 다시 블렌딩할 수 있도록 한다.
- 선호하는 향에 따른 맞춤형 블렌딩을 한다.

3) 블렌딩 시 유의사항

- 3종류 이상의 에센셜 오일을 넘지 않는다.
- 효능이 상반되는 작용을 하는 에센셜 오일을 함께 사용하지 않는다.(자극 효과 ↔ 진정 효과)
- 상향, 중향의 에센셜 오일을 먼저 블렌딩한 후 상황에 따라 하향의 에센셜 오일을 적용하는 것이 효과적인 블렌딩 방법이다.(하향의 에센셜 오일은 향이 강하므로 적절하게 적용한다.)

6. 블렌딩 비율

1) 에센셜 오일의 양

에센셜 오일은 식물의 종류와 추출 부위, 오일 추출법 등에 따라 비중이 다르다. 따라서 측정 기구를 사용하기보다 방울 수로 계산하여 사용하며, 나라마다 기준이 조금씩 다르고, 대략 에센셜 오일 1ml는 20~35방울이라 정의한다. 미국, 영국, 호주 등의 나라에서는 에센셜 오일 1ml는 20방울로 정의한다.

1ml	20drops			
5ml	100drops	1Teaspoon		
10ml	200drops	2Teaspoon		
15ml	300drops	1Table Teaspoon		
30ml	600drops	2Table Teaspoon	1Ounce	
60ml	1200drops	4Teaspoon	2Ounce	
120ml	2400drops	8Teaspoon	4Ounce	1/2 cup
240ml	3600drops	16Teaspoon	8Ounce	1 cup

출처 : Jade Shues 〈Dynamic Blending〉

2) 희석하는 양

농축된 에센셜 오일은 절대 단독으로 사용하지 않고, 반드시 희석해야 한다. 희석하는 비율은 사용자의 연령과 신체적 상태, 정신적 상태에 따라 0.1~5%로 달라질 수 있음을 유의하고, 용도별 블렌딩의 내용을 참고하여 적용한다.

carrieroil/ml	Essential oil 1%	Essential oil 2%	Essential oil 3%	Essential oil 4%	Essential oil 5%
10ml	2drops	4drops	6drops	8drops	10drops
20ml	4drops	8drops	12drops	16drops	20drops
50ml	10drops	20drops	30drops	40drops	50drops
100ml	20drops	40drops	60drops	80drops	100drops

3) 블렌딩의 목적

- 오랜 기간의 경험을 갖추기 전에는 한 번에 4가지 이상의 오일을 사용하지 않는다.
- 향을 블렌딩할 때 중요한 것은 고객의 선호 향이다.
- 에센셜 오일의 특징을 확인하고 그 에센셜 오일이 고객의 상태에 적합한지 확인한다.
- 선택한 에센셜 오일에 대한 환자나 고객에게 알려지 반응이 없는지 확인한다.

홀리스틱 관점의 블렌딩 목적은 생체 화학의 밸런스다. 예를 들어 독소는 배출하고 새로운 독소의 축적을 방해하는 목적으로 주니퍼베리, 캐롯시드, 펜넬, 레몬 등의 오일을 권한다.

에스테틱의 관점은 예를 들면, 관절염을 앓고 있는 고객에게 종종 나타나는 작은 증상을 위해 블렌딩한다. 이런 경우 고객의 상태에 대해서 좀 더 알 필요가 있다. 만약 류머티스성 관절염이라면 저먼 캐모마일 같은 항염 효과가 있는 에센셜 오일을 적용하겠지만, 퇴행성 관절염이라면 진저나 카제풋을 사용할 것을 권한다.

습진과 건선을 관리할 때도 항염 작용에 쓰이는 캐모마일 저먼을 적용해도 좋지만 스트레스 상태를 염두에 두고 에센셜 오일을 사용하게 되면 증상의 치유에 더욱 도움이 될 것이다.

4) 형태학적인 분류에 의한 블렌딩

에센셜 오일은 식물을 뿌리, 줄기, 잎, 열매, 꽃 등의 부위에서 추출하며, 각 부위는 효능과 독성의 차이를 갖고 있다.

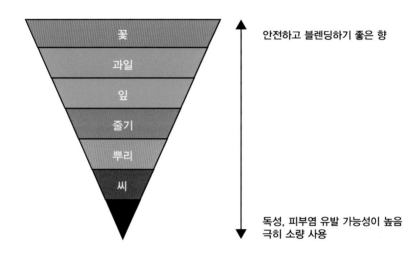

7. 노트별 블렌딩 (Top. Middle and Base Notes)

19세기에 프랑스인인 Piesse는 음계의 음조에 따라 향을 분류하는 방법을 발전시켰다. 그는 각각의 향이 결합될 때 형성되는, 완벽하게 균형 잡힌 화음이 있는 향으로 분류했다. 에센셜 오일과 향기 성분을 톱 노트, 미들 노트, 베이스 노트로 분류하는 것은 아직도 균형 잡힌 향수를 만드는데 기본이 되고 있으며, 이러한 원칙은 아로마테라피에도 적용된다.

1) Top Note

톱 노트는 날카롭고 예리하고 휘발성이 강하며 가장 빠른 행동을 한다. 톱 노트는 블렌딩에서 가장 처음에 느낄 수 있는 향이다. 향이 오래가지 않지만 블렌딩에서는 매우 중요하다. 그 이유는 블렌딩의 첫인상이 되기 때문이다. 톱 노트는 대개 상승 작용이나 기분 고양에 효과가 있다. 전형적인 톱 노트는 버가못, 네롤리, 레몬, 라임, 오렌지, 레몬 그라스 등의 모든 시트러스 오일들과 페퍼민트, 타임, 시나몬, 클로브 등이다. 대부분의 시트러스 톱 노트 오일들은 블렌딩에서 많은 양을 사용할 수 있지만, 향이 강한 오일들은 아주 적은 양을 사용해야 한다.

2) Middle Note

미들 노트는 블렌딩에서 음에 해당한다. 즉, 날카로운 가장자리를 부드럽게 해주는 역할을 하여 따뜻하고 부드러운 느낌이다. 주로 몸의 기능 중 소화 기능과 몸의 일반적인 대사 작용을 한다. 대표적인 오일은 제라늄, 라벤더, 로즈우드, 로즈마리, 마조람 등이다.

3) Base Note

고착제로 알려진 베이스 노트는 블렌딩에 향의 깊이를 더해주고 피부 속으로 들어가 오랫동안 유지된다. 전형적인 베이스 노트의 오일로는 샌달우드, 패촐리, 미르, 프랑킨센스, 시더우드, 베티버 등이 있다. 이들은 깊고 무거운 향이므로 약하게 느껴질지 모르지만, 일단 피부에 적용하면 강하게 반응하여 치료 효과를 나타낸다. 그리고 몇 시간 동안 향이 지속된다. 베이스 노트는 안전하고 편안하게 하는 효과가 있다. 또한, 휘발성이 빠른 에센셜 오일들의 증발을 지연시켜 주고, 향을 오랫동안 남아 있게 한다.

유명한 향기 전문가인 Carles는 전형적인 향수 블렌딩에 톱, 미들, 베이스 노트의 비율을 다음과 같이 제안했다.

"베이스 노트는 향수의 중요한 성질을 결정짓는다. 그 향은 오랜 시간까지 지속될 것이고 결국 향수의 성공은 베이스 노트에 달려 있다."

- 톱 : 15~ 20%

- 미들 : 30~ 40%

- 베이스 : 45~ 55%

물론, 톱, 미들, 베이스 노트 양의 분할은 에센셜 오일들의 사용 용도에 따라 달라질 수 있다.

노트별 블렌딩 비율	특성	에센셜 오일
톱 노트 20~30%	입자가 가볍고 쉽게 증발한다. 제일 처음 향의 냄새 감귤류 오일	버가못, 시나몬, 그레이프후룻, 레몬, 라임, 레몬그라스, 만다린, 네롤리, 페티그레인, 스윗오렌지, 페퍼민트, 타임
미들 노트 40~80%	중간 정도의 향, 입자, 증발력 꽃과 잎 종류에서 추출 대부분 입자가 가볍다.	저먼 캐모마일, 제라늄, 진저, 라벤더, 스윗마조람, 팔마로사, 파인, 로즈마리, 로즈우드, 일랑일랑
베이스 노트 10~25%	천천히 증발하여 향이 마지막까지 난다. 나무나 레이진에서 추출 대부분 무겁다.	시더우드, 클라리 세이지, 미르, 프랑킨센스, 패촐리, 베티버, 캐롯 시드

4) Lavabre의 블렌딩 기법

Lavabre는 향기가 작용하는데 있어서 어떤 분류 방법이든 매우 주관적이어야 한다고 했으며 자신의 블렌딩 기법을 발전시켰다.

(1) 균형제(Equalizers)

Equalizer는 블렌딩에서 강한 향의 느낌을 부드럽게 하는 에센셜 오일들이다. 이들은 블렌딩에서 균형을 잡아주고 조화롭게 한다. 이퀄라이저에 해당하는 오일들 중 로즈우드, 마조람, 오렌지, 탠저린, 파인은 시네올이 풍부한 에센셜 오일들과 같이 사용하면 이상적이다. 이퀄라이저의 주요한 목적은 블렌딩을 안정시키는 것이며, 특별한 특징을 나타내기에는 미미하다.

(2) 수정제(Modifiers)

Modifier는 블렌딩의 상승 작용과 특별함을 갖게 한다. 만약 블렌딩을 하고 나서 느낌이 평범하고 흥미롭지 못하다면 한 방울의 Modifier로 그것을 고조시킬 수 있다. 에센셜 오일로는 클로브, 시나몬, 페퍼민트, 저먼 캐모마일, 베티버가 있다. Modifier는 매우 적은 양을 사용해도 블렌딩 전체의 향에 크게 영향을 주기 때문에 적게 사용해야 한다.

(3) 강화제(Enhancers)

여기에 속하는 에센셜 오일들은 향이 좋으며 블렌딩을 압도하지 않고 약간의 느낌만 바꾸어 준다. 여기에 해당하는 에센셜 오일은 버가못, 시더우드, 제라늄, 클라리세이지, 라벤더, 레몬, 라임, 메이창, 팔마로사, 샌달우드, 재스민, 네롤리, 로즈오토, 미르 등이다.

5) 상승 효과(Synergy)

에센셜 오일을 블렌딩할 때 진정, 상승, 살균 등의 효과는, 적절한 에센셜 오일들이 블렌딩되면서 상승 효과를 낼 수 있다.

예를 들면 버가못은 다양한 오일들과 블렌딩되어 특정 효과를 향상시킬 수 있다.

버가못과 티트리	살균 효과 : 여드름, 지성피부, 방광염
버가못과 라벤더	진정 효과 : 불안, 스트레스
버가못과 로즈마리	자극 효과 : 기진맥진, 피로
버가못과 재스민	감각적인 효과 : 우울, 최음제

7) 향의 강도에 따른 블렌딩(Odour Intensity)

에센셜 오일	강도	에센셜 오일	강도	에센셜 오일	강도
Angelica root	9	Frankincense	7	Patchouli	7
Aniseed	7	Ginger	7	Black pepper	7
Basil	7	Juniper	5	Peppermint	7
Bergamot	5	Lavender	5	Petitgrain	5
Cedarwood	6	Lavender, spike	6	Pine	5
Cinnamon	7	Lemon	5	Rose absolute	8
Citronella	6	Lemongrass	6	Rose otto	7
Clary sage	5	Mandarin	5	Rosemary	6
Clove bud	8	Myrrh	7	Rosewood	5
Eucalyptus	8	Neroli	5	Sage	6
Everlastion	7	Nutmeg	7	Sandalwood	7
Fennel	6	Orange,sweet	5	Thyme,red	7

※ Appell의 분류에 따른, 흔히 사용되는 에센셜 오일들의 향 강도*

향수 제조업자들은 에센셜 오일의 향의 강도를 측정하기 위해서 분석 기술을 발전시켜왔다. 위의 표는 향의 세기(강도)를 나타낸 것이며, Appell에 의해 측정되었고, 1부터 10까지 단계로 나누어 작성되었다. 향의 강도는 블렌딩할 때에 참고자료로 사용된다. 향의 균형이란, 후각이 안정된 상태에서 두 가지 이상의 에센셜 오일이 혼합되어, 어느 한가지의 에센셜 오일이 서로의 향을 압도하지 않는 상태의 향을 말한다.

예를 들어 에버라스팅과 라벤더를 블렌딩했을 때, 이들의 향의 강도는 7과 5이다. 이 것은 에버라스팅의 향이 라벤더 향보다 더 강하다는 것을 의미한다. 결과적으로 에버라스팅 1방울과 라벤더 1방울을 섞으면, 라벤더는 두 오일이 나타낼 향을 만들어내지 못하고 에버라스팅의 향만 나게 되는 것이다.

향이 균형 잡힌 블렌딩을 위해서는 에버라스팅 1방울과 라벤더 3방울이 적당하다고 할 수 있다. 위의 표에서는 향의 강도에 따른 정확한 혼합 비율은 나오지 않았지만, 블렌딩을 하면서 정확한 비율을 찾기 쉽도록 가이드해준다.

8) 향의 유형에 따른 블렌딩(Odour Types)

블렌딩은 향의 유형(type)에 따라 결정되기도 한다. 예를 들면 라벤더는 꽃향이 나는 풀향(floral herbaceous scent)이며, 풀향만큼 꽃향기가 잘 어우러져 있다. 이러한 해석이 매우 유용한 가이드가 될 수 있다.

(1) 프로랄(Floral)

프로랄 향은 우드와 프룻, 달고 케케묵은 향, 몇몇 허브 향과 잘 어울리며, 캄포 향과는 어울리지 않는다.

(2) 프룻티(Fruity)

과일 향으로 가격이 비싸지 않으며 블렌딩하기 쉽다. 우드와는 잘 어울리지만, 캄포와는 어울리지 않는다.

(3) 그린(Green)

풀향으로 소량이라면 어떤 에센셜 오일과도 잘 어울린다.

(4) 허브(Herbaceous)

캄포, 우드와 잘 어울린다. 플로럴과 사용할 때는 신중하게 사용해야 한다.

(5) 캄포(Camphoraceous)

어떤 블렌딩에서는 약 냄새 같은 느낌을 준다. 프룻티와는 잘 블렌딩하지 않는다. 허브, 우디와 함께 사용하면 가장 좋다.

(6) 스파이시(Spicy)

아주 적은 양(0.5~5%)을 사용하며, 어떤 블렌딩과도 어울린다. Lavabre는 스파이 시에 대하여 "좋은 향을 만들거나, 향을 잃어버리게 할 수 있는 오일이다"라고 표현 했다.

(7) 우디(Woody)

어느 오일과도 잘 섞이며, 따뜻한 느낌을 만들어내고, 향의 깊이를 준다.

(8) 얼시(Earthy)

향의 무게가 느껴지며, 어떤 블렌딩은 향을 끌어내리기도 한다. 대략 3~10%가 적 당하며, 많은 양을 사용하지 않는 것이 좋다.

9) 테라피를 위한 블렌딩

(1) 독소 배출을 위한 블렌드(Detoxification Blend)

체내의 독소 배출과 림프 순환 및 간, 신장의 기능을 강화시킨다.

그레이프후룻	35%
펜넬, 스윗	20%
주니퍼베리	30%
캐롯시드	5%
로즈마리	10%

(2) 류머티즘, 관절염을 위한 블렌드(Arthritis blend, Rheumatoid)

염증과 통증을 완화시킨다.

캐모마일 저먼	10%
에버라스팅	10%
카제풋	25%
스파이크 라벤더	35%
주니퍼베리	20%

(3) 스터디 블렌드(Study Blend)

기분전환과 뇌의 자극, 활력을 준다.

바질	10%
레몬	50%
페퍼민트	10%
로즈마리	30%

(4) 민감한 피부를 위한 블렌드(Sensitive Skin Blend)

우디, 허브, 플로랄의 시너지 효과는 피부를 진정시키고 조화롭게 하며, 부드럽게 해준다.

저먼 캐모마일	10%
라벤더	40%
네롤리	10%
샌달우드	40%

(5) 불면증을 위한 블렌드(Insomnia Blend)

오렌지와 라벤더는 웰 블렌드(well-blend) 오일이다. 두 오일은 완벽한 시너지를 이루며, 샌달우드의 부드러운 우디 향과도 잘 어울리고, 로먼 캐모마일의 달콤한 허브 향과도 좋다.

라벤더	30%
오렌지, 스윗	35%
로먼 캐모마일	10%
샌달우드	25%

(6) 신경성 긴장(스트레스)를 위한 블렌드(Nervous Tension Blend)

가장 효과적인 테라피용 오일을 활용한 간단한 블렌딩이며, 신경성 긴장 완화를 위해 사용한다.

라벤더	35%
제라늄	15%
네롤리	20%
일랑일랑	30%

(7) 업리프팅 블렌드(Uplifting Blend)

항우울 작용을 하는 몇 가지 에센셜 오일로 만들며, 플로럴, 시트러스, 우디 향의 조합이 섬세하다.

버가못	30%
네롤리	15%
로즈오토	15%
로즈우드	40%

8. 용도별 블렌딩

에센셜 오일은 식물에서 추출한 고농축 액이므로, 적은 양을 사용할 경우에도 반드시 식물성 오일이나 크림, 로션과 같은 베이스 원료 등에 1~3% 농도로 희석해서 사용해야 한다. 또한, 에센셜 오일 한 가지를 적용하는 것보다 두 개 이상의 오일을 증상별로 적용할 경우 시너지 효과를 기대할 수 있다.

용도별 블렌딩 비율

용도	사용 방법
얼굴 마사지	에센셜 오일 : 1% 페이셜 젤과 아이 젤 : 약 0.25%, 페이셜 마스크 : 약 0.5%
보디 마사지	캐리어 오일, 크림, 로션, 연고 등에 3% 희석해서 사용
반신욕	욕조에 물을 받은 후 에센셜 오일을 증상별로 5~6방울 목욕 소금, 베이스 오일, 우유 등을 넣어서 사용 물의 온도 : 스트레스, 휴식, 수면, 혈액순환 : 35~38도 근육통, 관절염, 신경통 : 39~40도가 적당하다.
족욕	에센셜 오일을 따뜻한 물에 직접 2~5방울 떨어뜨려 약 20분간 발을 담근다. 사과 식초 또는 목욕용 소금을 함께 희석해서 사용하기도 한다. 용도 : 무좀, 갈라진 발뒤꿈치, 악취, 신경통, 근육통, 피로, 부종 등
수욕	에센셜 오일을 따뜻한 물에 직접 2~4방울 넣어 약 10분간 손을 담근다. 사용 용도 : 주부 습진, 튼손, 신경통 등
흡입	증기 흡입 : 에센셜 오일 2~3방울 얼굴은 물에서 약 5~10cm 정도, 눈을 감고, 코로 흡입하고 입으로 숨을 내쉰다.(약 2~3분 정도) 사용 용도 : 기관지염, 비염, 감기, 독감, 기침 등 주의사항 : 기침이 심하거나 천식환자는 흡입법을 삼가한다.
스팀 사우나	약 600ml 물에 에센셜 오일 2방울 떨어뜨려 스팀 사우나용으로 사용 유칼립투스, 파인, 티트리 등
샤워	물을 적신 스펀지나 타월에 3방울 이내로 에센셜 오일을 문지른다.
발향	아로마 버너에 물을 담고 에센셜 오일 3~5방울
바포라이저	끓인 물에 에센셜 오일을 2~4방울

1) 화학적 성분에 따른 블렌딩

에센셜 오일의 치유 작용은 에센셜 오일이 가지고 있는 화학 성분에 따른 약리적 효능 때문이다. 화학적 구성에 대한 지식은 블렌딩을 할 때 매우 유용하다.

예를 들면 만성 호흡기 질환을 갖고 있는 경우, 강한 항균성을 가진 페놀 성분이 많이 함유된 에센셜 오일을 적용할 수 있다. 기침이나 지나친 점액질 분비 등 개별적인 증상이라 하더라도 점액 용해 성질을 가진 케톤 성분이나 거담 작용을 하는 옥사이드 성분 함량이 높은 에센셜 오일을 선택할 필요가 있다. 목이 붓고 따가우며, 염증이 생겼을 때, 항염, 진정 작용이 탁월한 세스퀴 테르펜 성분을 함유한 샌달우드와 시더우드 등의 에센셜 오일을 사용한다. 면역력 향상을 위해서는 모노 테르펜 성분이 함유된 에센셜 오일을 사용한다.

에센셜 오일의 화학 성분의 약리적 효능

분류	약리학적 효능	성분	에센셜오일
모노테르펜 (monoterpene)	살균 방부, 방충 수렴, 자극	Limonene	레몬, 그레이프후룻, 오렌지, 네롤리
		Pinene	넛맥, 파인, 히솝, 프랑킨센스
		Ocimene	바질, 마조람
세스퀴 테르펜 (sesquiterpenes)	항알레르기 진정, 항염 진통	Bisabolene	버가못, 레몬, 샌달우드
		Caryophyllene	블랙 페퍼, 클로브버드, 라벤더, 바질
		Chamazulene	캐모마일 저먼, 캐모마일 로먼, 야로우
알코올 (alcohols)	항바이러스 항박테리아 호르몬 조절 수렴, 토닉, 방부, 진정	Linalool	제라늄, 라벤더, 팔마로사, 로즈우드
		Geraniol	팔마로사, 일랑일랑, 네롤리, 로즈
		Terpinen-4-ol	마조람, 티트리, 주니퍼베리
		Cedrol	시더우드, 사이프러스
		Farnesol	로즈, 레몬그라스, 시트로넬라, 네롤리
		Santalol	샌달우드
		Sclareol	클라리 세이지

옥사이드 (oxides)	거담 점액 용해	1,8-cineole	유칼립투스, 카제풋, 로즈마리
페놀 (phenols)	면역계 자극, 방부 중추신경 자극, 항균 주의 : 피부염증	Carvacrol	타임, 오레가노
		Thymol	
		Eugenol	시나몬, 클로브, 바질
알데하이드 (aldehydes)	항염, 항바이러스 방부, 신경안정 진정, 거담 혈압 강하, 해열 작용 이완 작용 강한 발한 작용	Citronellal	유칼립투스레몬, 시트로넬라, 멜리사
		Geranial	레몬그라스, 메이창, 레몬, 멜리사
		Neral	
		Vanillin	벤조인
		Cinnamal dehyde	시나몬 바크
에스테르 (esters)	수렴, 항염 항진균, 진경 이완, 수면 피부 질환	Linalyl acetate	라벤더, 클라리 세이지, 로먼 캐모마일
		Benzyl acetate	네롤리, 재스민, 일랑일랑
		Gerany acetate	제라늄, 시트로넬라, 라벤더, 페티그래인
		Bornyl acetate	로즈마리, 파인
		Citronellyl formate	제라늄

2) 블렌딩 방법

에센셜 오일을 준비한다.(증상에 따라 선택된 E/O)

깨끗이 소독된 비커에 먼저 상향, 중향, 하향의 오일을 차례로 넣어가며 블렌딩한다
(원하는 향을 만든다)

하향성 오일을 넣기 전에 향을 맡아보고 향의 밸런스를 체크한다(향의 농도 조절).

3) 가장 이상적인 블렌딩

레몬(Top), 라벤더(Mid), 샌달우드(Base)와 같이 상, 중, 하향의 고른 배합이며 특히 중향의 오일이 중심이 되도록 블렌딩하는 것이 좋다.

4) 치료 목적에 따른 블렌딩

대부분의 아로마테라피스트들은 향기에 따른 블렌딩보다는 치료 목적에 따른 블렌딩을 더욱 선호한다.

고객이 가진 증상에 따른 다양한 종류의 에센셜 오일을 적절하게 선택, 배합하여 치료를 위한 블렌딩을 한다. 이것은 근육의 긴장이나 통증과 같은 육체적 문제와 불안, 스트레스와 같은 감정적 문제와 깊은 내면의 상처까지도 자극할 수 있는 블렌딩이다.

아로마테라피(Aromatherapy)는 고객의 육체적 증상의 예방, 완화, 치료의 목적뿐만이 아니라 정신적(Emotional) 문제까지도 치료하기 위한 요법으로써 아로마테라피스트들의 블렌딩의 방향은 각자의 상태나 고객의 요구에 의해서 결정된다.

9. 시너지 (Synergy)

시너지라는 말은 그리스에서 유래된다. syndms 그리스의 태양으로부터 유래하였고 그 뜻은 함께 한다는 의미이며 ergy는 그리스의 ergon, 즉 일한다는 뜻으로 결국 함께 일한다는 뜻이 된다. 아로마 치료에서 synergy 혹은 시너지 효과(synergic effect)는 두 가지 이상의 에센셜 오일을 함께 사용할 때 더 큰 효과를 낸다는 의미이다. 시너지 효과는 블렌딩에서 가장 중요한 부분이다. 시너지는 상황에 따라 다른 결과를 가져오기 때문이다. 시너지 블렌딩을 하기 위해서는 고객이 가지고 있는 증상에 대한 충분한 이해와 그외의 원인들, 즉 심리적, 정신적인 문제, 생리화학적인 요인 등을 함께 고려해야 한다. 또한, 에센셜 오일의 충분한 이해 경험과 직감력이 요구된다. 톱, 미들, 베이스 노트를 고려해서 치료적인 목적의 에센셜 오일을 선택한다.

1) 아로마테라피 마사지

(1) 아로마테라피 마사지의 효과

① 현대인들의 과도한 업무와 스트레스로 인한 증상을 아로마테라피를 적용하여 신체적, 정신적인 편안함을 얻는다.

아로마테라피가 가져다 주는 8가지 이로운 점

1. 비싸지 않다.(Inexpensive)
2. 이동하기 간편하다.(Compact to carry)
3. 직접 적용할 수가 있다.(Go directly to the affliction)
4. 한 번에도 증상이 완화된다.(Work quickly once they're there)
5. 약품과 함께 사용할 수 있다.(Can use with drugs)
6. 잔여물이 없이 빠르게 몸속으로 흡수된다.
   (Leave your body quickly without residues)
7. 질병 예방, 치료에 도움이 된다.(Work with, not against you)
8. 부작용이 적다.(Have few side effects)

② 쓰다듬기 동작으로 에센셜 오일의 체내 흡수를 돕는다.

③ 자극과 진정의 효과 : 림프의 흐름과 혈액의 순환을 촉진시키므로 체내의 노폐물
   과 독소를 빠르게 배출

④ 신경계에 작용 : 부드러운 터치와 호흡의 속도로 적용되는 아로마테라피 마사지
   는 신경계의 이완 작용과 근육의 긴장 완화를 가져다 주며, 증상에 따른 적절한
   에센셜 오일의 선택과 알맞은 기법으로 일상에서의 스트레스로 인한 증상들을
   완화시켜 준다.

기본 테크닉

1. 쓰다듬기(effleurage)

2. 문지르기(friction)

3. 반죽하기(petrissage)

4. 떨기(vibration)

5. 지압하기(acupressure)

이 장에서는 다음 사항을 알아보기로 하자.

아로마테라피 마사지의 역할, 아로마테라피 마사지의 목적, 전문가로서의 이미지, 관리실 환경 만들기, 상담, 아로마테라테라피 마사지 테크닉, 금기사항(contraindication)

먼저, 모든 면에서 고객을 편안하고 안락하게 느끼게 해 드려야 한다.

아로마테라피의 기법의 에플러라지(effleurage), 페트리사지(peterssage)와 스웨디시 마사지 기법 스트로크(stroke)는 밀접한 관계가 있다. 아로마테라피 마사지는 림프 마사지와 신경계 마사지를 병용하고 있다.

(2) 아로마테라피 마사지의 역할

아로마테라피 마사지의 목적은 에센셜 오일 의 흡수를 극대화시키는 것이다. 그에 따른 에 플러라지는 혈액공급을 증가시켜서 피부를 따 뜻하게 하는 것이며, 이로 인해 고객이 편안하 고 트리트먼트를 받을 수 있는 여건을 제공하 는 것이다. 여기에 적용되는 마사지 동작은 거 칠거나 과격한 동작이 아닌, 부드럽고 유연한 동작이어야 한다. 효과적인 아로마테라피 마 사지는 신경근요소, 림프 드리나쥐, 지압요법 을 포함한다.

신경근 마사지 기법(neuromuscular massage techinque)은 척추(back bone)에 문 지르기(friction), 흔들어주기(vibration), 누르기(pressure)를 사용하여 경혈점을 자극 하여 신경과 근육에 영향을 주는 것이다. 이러한 동작들은 경직된 신경과 근육을 자 극하여 커다란 에너지를 만들어내는 것을 도와준다.

자율신경계는 두 개의 뉴런(neurons)으로 되어 있다. 하나는 중앙신경계로부터 신 경구로 뻗어 있고, 다른 하나는 신경구에서 바로 신경종말기관의 근육(effector muscle)이나 분비선(gland)에 펼쳐 있다. 아로마테라피 마사지는 신경구(reflex points)에 자극을 주는 기법으로서 인체에 커다란 효과를 준다.

(3) 아로마테라피 마사지의 목적

① 에플러라지 동작에 의한 에센셜 오일의 침투를 극대화한다.
② 고객에게 부드러운 터치로 편안함을 제공한다.
③ 림프의 흐름과 혈액순환을 촉진시켜 몸속의 독소 배출을 원활하게 한다.
④ 에너지를 생성한다.
⑤ 증상에 따른 알맞은 압점을 찾아 관리한다.
⑥ 증상에 맞는 에센셜 오일의 블렌딩으로 적절한 마시지 테크닉을 적용한다면 일
　상에서 느끼는 스트레스를 완화시키고, 건강한 심신을 유지할 수 있다.

(4) 전문가로서의 이미지(The professional image)

가장 기본적인 테라피스트로서 이미지는 전문가다운 모습이다.

① 개인적 위생과 청결에 유의한다.(양치, 타월, 비누 사용, 소독…)

② 단정한 두발 정리 : 관리 시 고객의 얼굴에 흘러내리지 않도록 유의한다.

③ 깨끗이 손질된 가운으로 준비된 모습을 보여준다.

④ 신발은 편하고 굽이 낮은 것을 착용한다.

⑤ 손톱은 짧게, 무색 에나멜을 사용한다.

⑥ 반지, 팔찌, 시계와 같은 액세서리는 착용하지 않는다.

⑦ 항상 바른 자세를 유지하도록
하며 전신 관리 시의 마사지 동
작에 따른 힘의 분배가 잘되어
서 올바른 자세가 고객에게도
양질의 트리트먼트를 제공할
수 있으며 테라피스트들의 피
로를 예방할 수 있다.

⑧ 고객이 불편함(냉·온의 차이,
터치의 강·약)은 없는지 수시로
고객의 신체 언어를 체크해야 한다.

(5) 관리실 환경 만들기(Creating the right environment)

쾌적하지 못한 관리실의 환경은 아로마테라피의 치료적 성공을 기대하기는 어렵
다. 고객을 환영해줄 수 있는 안락하고, 편안한 환경은 아로마테라피 관리실의 가장
기본적인 요소이기도 하며 필수 조건인 것이다.

현대 고객들의 라이프스타일(Lifestyle)이 웰빙(well-being), 친환경으로 바뀌고 있
는 이때에 관리실의 분위기도 고객의 니즈(needs)에 따른 변화가 있어야 할 것이다.
그것이 바로 친환경적 경영이요, 고객 감동의 경영이다.

또한, 테라피스트들의 개인적인 생각도 매우 중요하다. 마사지(massage)란 테라
피스트들의 손과 손가락을 이용한 관리 대상자와의 신체적, 에너지의 교감이기 때문

이다. 성공적인 마사지 요법(massage treatment)을 하기 위해서는 테라피스트 자신이 편안한 마음으로, 자신감을 갖고 집중할 수 있어야 한다. 테라피스트가 개인적인 일들로 집중할 수 없다던가, 화가 나 있다든지, 긴장이 되었다면 그 상태에서의 마사지는 고객에게 아무런 감동을 줄 수가 없을 뿐만 아니라 치료 효과를 기대하기 어렵다.

(6) 고객에게 집중하기(Focusing on the client)

고객은 누구나 특별한 느낌과 관심을 받고 싶어 한다. 특별히 준비된 에센셜 오일의 향이 너무 강하다고 느낀다면 트리트먼트의 효과가 감소가 될 것이다. 각각의 사람들이 서로 다른 것들이 필요하듯이 서로 다른 고객을 위한 개인별 맞춤 블렌딩을 하는 것이 중요하다. 우선 테라피스트가 고객의 증상에 따른 블렌딩일 수도 있고, 또는 고객이 선호하는 향을 우선으로 선택할 수도 있다.

아로마테라피 마사지 시에는 한 동작을 3~5회 반복한다. 대부분 고객들은 매우 만족해하며, 작은 불편함은 쉽게 잊어버리게 된다.

(7) 고객과 대화하기(Talking to Clients)

고객과 아로마테라피에 관해서 이야기한다면, 바쁜 스케줄에서 얻어지는 스트레스와 긴장감 등을 에센셜 오일로 이완시켜서 오늘 하루 동안의 작은 행복을 느끼게 해 드릴 수 있음을 설명하라. 그러기 위해서는 테라피스트들이 아로마에센셜 오일의 특성 및 사용 방법, 효과에 관한 전문적인 사항들을 잘 알고 있어야 할 것이다. 항상 전문인으로서 학문적 지식을 쌓는 것에 게으르지 않아야 하겠다. 질문하는 고객의 답변을 하기 위해서는 늘 준비된 지식이 있어야 하겠고, 그것이 곧 고객이 테라피스트를 신뢰할 수 있게 하는 한 가지 방법이기도 하다.

(8) 상담(Consultation)

고객의 방문 목적이 질병 치료인지 육체적, 심리적 휴식을 원하는 것인지에 대하여 충분히 이야기한다.

① 고객의 기대를 알아낸다.

② 관리 방법과 효과(육체적, 심리적)를 설명한다.(고객이 신뢰할 수 있도록 자신감을 가지고 대하라.)

③ 금기 사항을 체크한다.

④ 고객이 선호하는, 또는 증상에 알맞은 에센셜 오일을 선택한다.

⑤ 상담카드를 작성한다.

(9) 상담카드의 기록 내용

① 개인적 사항(personal details) : 이름, 주소, 전화번호와 생년월일, 직업, 나이 등

② 의학적 배경(medical background) : 병력 사항(medical history) - 질병, 사고, 수술 경력 등

③ 고(저)혈압, 간질, 당뇨병, 심장질환, 천식, 알러지, 피부병, 유전, 복용 중인 약, 임신, 식습관, 운동, 음주, 흡연, 스트레스 정도, Life style, 불면증, 생리, 관심 분야, 피부관리 경험 등

2) 아로마테라피 마사지 테크닉(Basic massage techniques)

마사지 방법에는 여러 가지가 있다. 증상과 부위별 가장 적합한 동작을 선택해서 적용하는 것이 편안함과 효과를 기대할 수 있다.

아로마테라피 마사지에는 두드리기(tapotment, percussion)와 같은 동작은 되도록 사용하지 않는다. 자극적인 동작은 아로마테라피의 정신적 안정, 치료의 효과를 기대하기에 적합하지 않다.

(1) 경찰법(Effleurage, stroking)

손바닥을 사용하여 마사지 시작과 마무리 시 사용하는 동작이다. 피부 표면에 약한 압력이나 강한 압력을 이용하여 부드럽게 실시한다. 신경계를 자극하여 정맥과 림프의 순환을 촉진시켜서 체액의 정체를 막아주며 독소 배출을 도와준다.

(2) 유연법(petrissage, kneading)

여러 가지 방법으로 적용할 수 있다.

반죽하듯이 간헐적인 압으로 한 손이나 양손 모두를 사용한다.

약한 압이나 강한 압을 사용하여 적절하게 적용한다. 그 효과는 몸속의 노폐물과 피로물질을 제거해준다. 올바로 적용을 하면 근조직의 균형을 맞춰준다.

(3) 강찰법(Friction)

문지르기 방법으로 피부 표면 조직의 좁은 부위를 마사지할 때 사용한다. 엄지손가락이나 세손가락을 사용하여 근육을 따라 적용한다. 피부 조직의 유착을 막아주는 효과가 있다. 또한, 관절 부위의 체액 흡수를 도와준다.

(4) 흔들어주기(Vibration)

이것은 떨기 동작으로 정지 상태이거나 이동하면서 적용할 수 있다. 신경이 지나는 길을 따라서 동작을 시행한다. 그 효과는 신경통로를 자극, 정화해줌으로써 신경과 근육의 이완과 소통의 효과로 편안함을 가져다준다.

(5) 신경근 마사지(Neuromuscular massage)

근육이나 신경의 이완을 도와주기 위한 압을 가하는 기법이다. 주로 엄지(모지복)나 다른 손가락의 지문(지복)을 사용한다.

(6) 지압 요법(Acupressure)

지압 요법은 침을 놓는 자리에 바늘을 사용하지 않고 정확한 압점에 자극을 주어 몸안의 오장육부에서 전신을 돌고 있는 기(氣) 또는 chi라고 불리는 에너지를 흐르게 하고, 균형을 맞춰주며, 대체의학에서 말하는 채널(channels)을 통해서 다시 체내를

순환하게 하는 원리이다. 비침습법으로 바늘을 사용하지 않고 모지복이나 지복으로
경혈점에 압을 가하는 동작이다.

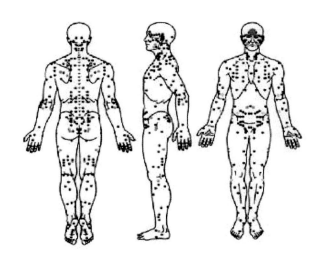

(7) 예방과 금기 사항(precautions and contraindication)

상담을 통해서 처음 기록하는 사항들에 대한 관리 계획을 세우고 원인 분석, 관리
하고 다른 증상 요인을 예방하기 위한 중요한 부분이다. 또한, 다른 의문점이 생겼을
때에 고객에게 효과적인 조언을 해줄 수 있으므로 세심하게 신경을 써야 한다.

① 현재의 증상(Existing medical conditions)

어떤 고객들은 자신이 가지고 있는 질병을 노출하기 꺼리시는 분들도 계시므로 테
라피스트들은 고객과 상담할 때에 조심스럽게 접근해야 한다.

또한, 의학적 전문가의 소견이 없이, 현재의 질병(천식, 심장질환 당뇨병, 암) 등을
위한 관리를 요구하거나 받아들여서는 안 된다. 일반적인 고객의 증상들은 자세하
게 기록하여야 한다.

② 순환 장애(circulatory problems)

혈전증, 고(저)혈압과 같은 심장질환이 있는 고객을 대할 때에는 에센셜 오일의 선
택 시(주의사항, 예방책 등) 각별히 세심한 주의를 기울여야 하며 관리 시에도 자극
적인 동작은 삼가야 한다.

③ 당뇨병(diabets)

에센셜 오일의 선택을 조심스럽게 한다.(당뇨병 환자들은 피부가 예민해질 수도 있음)

④ 간질(epilepsy)

로즈마리와 같은 몇몇 오일들은 사용이 가능하다. 에센셜 오일의 목록들을 체크해본다. 이런 사항들은 고객들의 병력 사항(Medical history)을 기록하는 이유를 설명하기 좋은 예(example)이다.

⑤ 발열(feavers)

고열이 있을 때에는 관리를 해서는 안 된다.

⑥ 면역성(immunization)

예방접종이나 백신 투여 후에는 36시간이 지나서 관리가 가능하다.

⑦ 신경계 질환(nrvous system dysfunctions)

신경계는 인체의 정신적, 감정적인 부분을 제어하는 곳이므로 세심한 주의를 기울여서 에센셜 오일의 선택과 관리 방법 등을 고려해야 한다.

⑧ 행동장애, 갑상선 이상증(overactive, thyroid)

지나친 자극은 주지 않도록 주의해야 한다. 가볍고 부드러운 터치를 해야 한다

⑨ 수술 후(post-operative)

작은 수술은 1~2주 후에 관리를 하기도 하지만, 수술 후의 환자는 보통 6~12주까지도 관리를 해서는 안 된다. 의문이 가는 경우에는 반드시 주치의와 상담을 한다.

⑩ 임신(pregnancy)

임신 초기(12~14주)의 임산부는 유산의 위험이 있으므로 트리트먼트를 하지 않는다.

임신 중에는 호르몬의 불균형으로 인하여 심리적으로 예민해져 있으므로 특별히 관심을 가지고 전문인으로서의 역량을 발휘하여 아로마테라피의 유용성에 대하여 확신을 갖게 하여 더욱 편안한 마음으로 관리를 받는다면 임산부나 태중의 아이 모두에게 심리적 안정과 육체적 편안함을 제공할 수 있을 것이다.

⑪ 피부질환(skin disorders)

피부의 염증이나 멍이 있는 경우에는 트리트먼트를 하지 않는다. 최근에 출혈이 있었거나 부은 상태에도 트리트먼트를 하지 않는다.

⑫ 화상(sunburn)

심한 화상인 경우에는 트리트먼트를 하지 않는다.

⑬ 최근의 관리 경험(current treatment)

고객이 최근에 어떤 종류의 관리를 받았는지를 체크하는 것은 매우 중요하다. 그것은 에센셜 오일의 효과가 다르게 나타날 수 있는 원인이 되기 때문이다.

무엇보다도 고객의 첫 방문에서 살롱에 대한 기대감과 신뢰를 줄 수 있는 고객 응대법도 중요하겠지만, 고객이 편안하게 상담하고, 결정할 수 있게 접근하는 분위기도 매우 중요하다. 충분히 고객을 만족시키며, 고객에게 감동을 줄 수 있는 부분도 아로마 테라피스트의 또 다른 능력이다. 아마추어이기를 원하는가 아니면 프로이기를 원하는가? 그것은 테라피스들의 선택이다(It's your choice!)

10. 마사지 동작

1) 얼굴 관리

① 적은 양의 에센셜 오일을 흡입하게 한 후 얼굴에 도포한다. 적절한 압을 적용하여 느린 동작으로 이마 정중앙에서부터 눈썹을 따라 헤어라인 방향으로 쓸어내린다. 관자놀이에서 셋 동작으로 멈춘다. 3회 반복.

② 엄지를 이용하여 헤어라인 중앙에서부터 시작하여 헤어라인을 따라 느린 동작으로 관자놀이에서 멈춘다. 턱밑에서 귀밑 앞까지 쓸어올린다. 3회 반복.

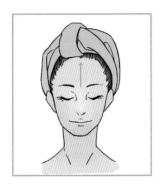

③ 엄지손가락을 이용하여 추미근에서 압을 가하면서 시작하여 양 눈썹 사이를 지나서 헤어라인 쪽으로 압을 줄여가며 쓸어내려 온다. 엄지손가락을 교대로 적용한다. 3회 반복하여 적용한다.

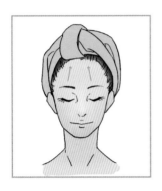

④ 이마에서 마음을 편안하게 만들어주는 쓰다듬기 (effleurage) 동작으로 머리 쪽을 향해 당기듯이 내려온다.

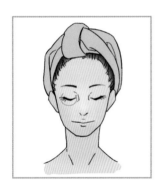

⑤ 검지를 이용하여 안와를 돌아 눈썹을 살짝 당기면서 가볍게 압을 주며 원을 그리는 동작을 3회 반복한다.

⑥ 관자놀이에서 8자를 그리는 동작을 3회 반복한다.(두통 시에는 6회를 실시한다.)

⑦ 손가락을 사용하여 눈썹에서 코가 눌리지 않도록 가볍게 코 옆으로 쓸어내려 온다. 다시 얼굴의 가벼운 순환 촉진을 위하여 작은 원을 그리면서 코와 눈썹을 지나 헤어라인 쪽으로 서클 동작을 한다. 3회 반복.

⑧ 중지를 사용하여 콧방울이 눌리지 않도록 콧방울 윗부분에서 시작하여 광대뼈 위를 향해 3회 반복 동작한다.

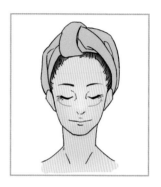

⑨ 코 옆 경혈점(영향)에 압을 주면서 세 손가락(2, 3, 4지)으로 광대뼈 아랫부분을 끌어당기듯 쓸어준다. 3회 반복.

⑩ 검지를 이용하여 인중에서 지창, 지창에서 승장까지 승장에서 악하절(submental nodes)로 쓸어내린다. 3회 반복하여 실시하고, 손바닥으로 얼굴 전체를 감싼 후 진동하기 동작으로 마무리한다.

2) 등관리

(1) 등 마사지(Back Massage)

시작 순서(Sequences)

가볍게 두피 마사지로 긴장을 이완시킨 후 고객의 증상에 맞는 블렌딩 에센셜 오일을 소량을 덜어 흡입하게 한 후 타월 매니지먼트로 살며시 엎드리게 한다. 깊게 지긋이 등을 신전하는 동작으로, 고객을 편안하게 하고, 긴장을 풀어주며 시작한다. 마사지할 준비가 되었을 때 등에 덮었던 타월을 제거하고 에센셜 오일을 도포한다. 관리를 하지 않는 부위는 타월로 덮어준다.

① 쓰다듬기(effleurage)
고객의 머리 쪽에 서서 척추 양옆에 손바닥을 등에 대고 허리 쪽을 향해 애플루라지를 한다.

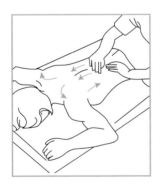

② T-형 쓰다듬기(effleurage) 동작
고객의 왼편에서 허리 쪽에서 척추에서 양쪽 어깨를 향해 올라가서 다시 돌아 내려온다.

③ 허리 정도의 위치에 서서 오른쪽 견갑골을 시계 방향으로 문지른다.(왼쪽에서는 시계 반대 방향으로 동작)

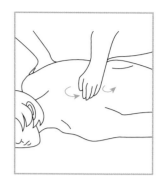

④ 허리 정도의 위치에서서 양쪽 견갑골 사이에서 팔자 그리기

⑤ 등 상부 쪽에서 한 손으로 등을 고정시키고 다른 쪽에 주무르기 동작

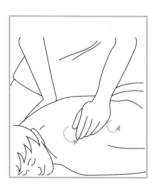

⑥ 어깨 정도에 서서 한 손으로 머리 위를 고정하고 다른 한 손으로 목뒤를 반죽하기(petrissage) 동작

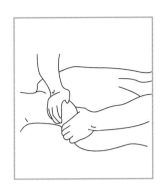
⑦ 어깨 아래 정도에 서서 손가락과 엄지손으로 어깨 부위의 근육을 반죽하기(petrissage) 동작

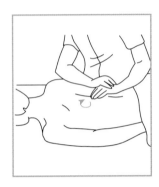
⑧ 허리 정도에 서서 강도를 조절하여 척추 주변의 근육을 문지르기(frictions) 동작

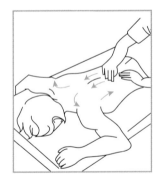
⑨ 등 전체 T-형 쓰다듬기(effleurage) 동작

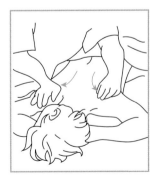
⑩ 액와 림프절(Axillary lymph nodes)을 향해 쓰다듬기(effleurage) 동작

⑪ 고객을 가로질러 서서 허리 측면에서 액와까지 올라오면서 반죽하기(petrissage) 동작

⑫ 등 측면을 엄지손가락은 고정시키고 네 손가락을 이용하여 반죽하기(petrissage) 동작

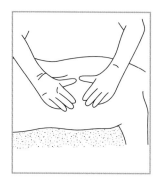

⑬ 양손 교대로 허리 부분 쓰다듬기(effleurage) 동작

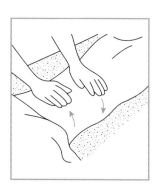

⑭ 등 전체를 두드리기(hacking) 동작

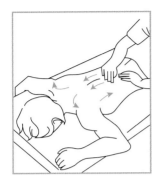

⑮ T자 쓰다듬기(effleurage) 동작

⑯ 뒷머리를 누르면서 머리칼을 살짝 잡아당기며 가볍게
두피 마사지 동작으로 마무리

케이스 스터디 (임상 사례)

아로마테라피 관리 시 고객에 대한 분석과 상담을 하기 위한 다양한 임상 사례를 살펴보기로 한다.

아로마테라피스트들은 고객의 신상에 대한 기록 사항(아로마 관리를 선택한 이유, 에센셜 오일을 사용할 때의 건강 및 피부 상태, 문제점, 부작용, 결과) 등을 자세히 기록해서 보관해 두어야 한다. 후반부에서는 아로마 관리의 진행 과정을 각기 다른 고객에 대한 임상을 통하여서 특별한 문제점은 어떻게 관리되었으며, 에센셜 오일의 다른 사용법에 따른 효과와 나타날 수 있는 작용과 결과에 대해서 관찰하고 있다.

(반드시 모든 고객의 이름과 정확한 고객의 신상에 대한 기록은 보안, 유지되어야 한다. 병력 사항에 대해서도 기록이 되어 있어야 한다.)

케이스 스터디 방법

■ 고객 사항

이름 / 나이 / 직업 / 병력 / 식생활 / 흡연 여부 또는 흡연 습관 / 음주 여부 또는 음주 습관 / 운동 습관 / 수면 습관 / 생활 환경 / 현재의 심리적인 상태 및 육체적인 상태 / 아로마테라피를 받고자 하는 심리적인 이유와 육체적인 이유

■ 관리 계획

4주 동안 주 1회 1시간씩 아로마테라피 마사지

■ 매주

아로마테라피의 목적 또는 블렌딩 오일 선정 이유
에센셜 오일 이름, 방울 수, 선택된 이유(에센셜 오일의 효과)
주의사항 : 에센셜 오일은 2주 이상 연속 같은 오일은 사용하지 않는다.
캐리어 오일 이름, 사용된 양(ml), 선택된 이유

■ 관리 요약

아로마테라피 관리 직후에 고객이 느낀 감정이나 상태 / 고객이 마사지를 받은 후에 효과

■ 종합

고객의 중요 병력 / 고객관리에 주의사항 / 4주 동안 고객의 반응을 종합 / 선택된 아로마의 효과 등

케이스 스터디 1

■ 고객의 신상 기록(Client profile)

수경 씨는 39세의 프리랜서 사진작가이다. 담배를 피우나 균형 잡힌 식
사를 하고 있으며, 운동은 전혀 하고 있지 않다. 그러나 신선한 공기는
충분히 공급하고 있다. 자신의 일이 매우 힘들어서 가끔씩 불면증에 시
달리고 있지만 자신의 일을 매우 사랑하고 있다.

그는 이완 효과, 스트레스 줄이기, 과도한 업무에서 오는 신체적 증상에
서 해방되고 싶은 이유 등으로 아로마 관리를 선택하게 되었다.

■ 관리 계획(Treatment plan)

일주일에 한 시간씩 네 번 4주 관리

일반적인 관리 프로그램 위에 아로마테라피 에센셜 오일을 이용한 증상
별 블렌딩 오일을 적용하여 4주 관리 계획으로 시작하기로 했다.

첫 번째 관리는 수경 씨의 면역 시스템 활성화와 근육 이완으로 편안함을
유도하는 마사지로 시작한다.

■ 블렌딩

  - 로즈(cabbage rose) 3방울 - 항우울증, 편안함
  - 멜리사(melissa) 2방울 - 항우울증, 진정 작용, 안정제
  - 프랑켄센스(frankincense) 2방울 - 안정제, 원기 회복, 면역계 자극제

■ 캐리어 오일

호호바 오일(5ml), 아몬드 오일(15ml) - 수경 씨는 건조하고 예민한 피
부를 가지고 있어서 호호바 오일이 적합하다.
호호바 오일만으로는 너무 진하므로 아몬드 오일과 함께 희석해서 사용
하는 것이 부드럽고 마사지하기에 용이하다.

■ 관리 요약(Treatment summary)

수경 씨는 마사지를 받는 동안 편안함을 느꼈고 마음이 안정되어서 관
리 후 잠을 편안하게 잘 수 있게 되었다.

수경 씨는 근육의 이완으로 편안함을 얻었지만 호흡기 질환에 감염이 되었다. 이번 마사지는 호흡기계 감염과 면역 시스템을 자극하는 프로그램이다.

■ 블렌딩

- 니아울리(niaouli) 4방울 - 면역 시스템 자극, 또한 면역 결핍 바이러스 환자에게 좋다. (호흡기계 감염)
- 라벤더(lavender) 2방울 - 감염, 저혈압(혈압 강화)
- 레몬(lemon) 2방울 - 진정제 저혈압(혈압 강화), 항바이러스

■ 캐리어 오일

포도씨 오일 (20ml) : 포도씨 오일은 일반적으로 많이 사용된다.

■ 관리 요약(Treatment summary)

수경 씨는 머리가 맑아지고 근육이 이완됨을 느꼈다.

수경 씨는 일이 많이 바빴지만 운동하는 노력도 갖게 되었다. 마사지의 효과와 증상이 호전되고 있음을 즐거워하게 되었다.
이번 아로마테라피 관리는 수경 씨에게 즐거움을 더해 주고 면역 시스템을 강화시키며, 피부의 문제점을 완화시키는 것에 중점을 두었다.

■ 블렌딩

- 패촐리(patchouli) 2방울 - 면역 강화, 피부 문제점 보완
- 네롤리(neroli) 3방울 - 항우울증, 진정제
- 만다린(mandarin) 3방울 - 신경계질환 기분 전환

■ 캐리어 오일

포도씨 오일 (20ml)

■ 관리 요약(Treatment summary)

수경 씨는 아로마 관리를 받은 후 생활이 즐거워졌고 낙천적이 되었으며, 관리를 받고난 후 며칠 동안 이런 기분이 계속되기를 원했으므로 지속적인 관리를 받기로 결심을 했다.

이번 관리 프로그램에서 마지막 관리 단계이지만 수경 씨는 이번 아로마테라피 관리를 받음으로써 긴장된 근육의 이완으로 편안함을 느끼게 되었고 잠을 잘 잘 수 있게 되었다. 이번 블렌딩은 수경 씨의 확신 있는 예측과 피부 상태의 호전을 위한 관리로 프로그램을 만들었다.

■ 블렌딩

   - 시더우드(cederwood) 3방울 - 지구력, 긍정적 사고, 기초 체력
   - 샌달우드(sandalwood) 3방울 - 근육 이완, 부드러움, 면역계 자극
   - 오렌지(orange) 3방울 - 기쁨, 신경계 질환, 항우울증

■ 캐리어 오일

   포도씨 오일 (20mL)

■ 관리 요약(Treatment summary)

   샌달우드의 향은 수경 씨가 인디아를 여행하며 보냈던 시간들을 기억하게 하는 감성적으로 신경계를 자극하는 효과를 가져오게 했다.

■ 결과

   수경 씨에게 이번에 사용한 에센셜 오일들은 그녀의 긍정적 사고를 더욱 강화시켰으며, 그녀의 면역 시스템을 자극하여, 피부를 회복시켰고 중요한 것은 지나친 자극으로 균형 잡힌 그녀의 생활의 밸런스를 깨지 않은 것이 매우 큰 효과이어서 수경 씨도 매우 행복해 했다.

케이스 스터디 2

■ **고객의 신상 기록(Client profile)**

희정 씨는 45세이며 17년 동안 미용실에서 일해 왔다. 그러나 그녀는 지금 자신의 프랜차이즈 사업을 계획하면서 직업을 전환하려고 추진 중이다. 그녀는 자신의 청구서의 목록들을 갚기 위해서 컨설팅 일도 하며, 미용실에서 계속 일을 하고 있다. 그녀는 사무실에서 일의 필요성을 받아들이고 일을 하고 난 후의 근육의 피로를 풀고 다리의 셀룰라이트를 감소시켜서 육체적, 정신적 편안함을 얻을 수 있다는 이유로 아로마 관리를 받기를 원한다.

그녀는 담배를 피우며 일이 있을 때에는 가끔씩 운동을 하고 잠은 잘 자고, 단 음식, 고지방 음식을 즐기고 사무실에서는 그렇게 많은 신선한 공기는 취하지는 못한다.

■ **관리 계획(Treatment plan)**

4주 동안 일주일에 한 시간씩 4번 마사지

그녀는 편안함을 느끼기를 원했고, 특히 셀룰라이트를 풀어주는 오일을 사용하는 관리를 요구했다.

■ **블렌딩**

- 그레이프후룻(grapefruit) 4방울 - 독소 배출, 정체되어 있는 체액을 줄임
- 펜넬(fennel) 2방울 - 독소 배출 이뇨제 정체되어 있는 체액을 줄임
- 주니퍼(juniper) 2방울 - 이완, 독소 배출, 워밍

■ **캐리어 오일**

호호바 오일(10ml)과 스윗 아몬드 오일(10ml)
(호호바, 캐리어 오일 10% 사용, 아몬드는 마사지할 때 유연제로 사용·)

■ **관리 요약(Treatment summary)**

마사지를 받고 너무 행복해 했으며, 특히 셀룰라이트 관리를 받은 것에 대해 매우 만족해 했다.

희정 씨는 숙면과 스트레스 완화를 위한 이완 마사지를 원했다. 로즈는 그녀가 좋아하는 향이며 패촐리는 가끔 향수로 사용하기도 했다. 두 오일 모두 그녀에게 긍정적인 효과를 가져다 주었다.

■ 블렌딩

- 로즈(rose) 3방울 : 부드러움과 편안함
- 패촐리(patchouli) 3방울 : 편안함
- 라벤더(lavender) 2방울 : 균형, 평안, 피부를 포함한 모든 증상에 긍적적 효과

■ 캐리어 오일

호호바 오일(10ml)과 포도씨 오일(10ml)

■ 관리 요약(Treatment summary)

희정 씨는 아로마테라피 관리를 매우 즐거워하며, 이로 인해 신체적 편안함을 얻게 되어 기뻐하고 있으며 편안함으로 숙면을 취하게 되었다.

희정 씨는 밖에서 일을 하고 난 후에는 부드럽고 혈액순환의 완화를 위한
관리를 원했다.

■ **블렌딩**

  - 마조람(Marjoram) 3방울 - 경직된 근육의 이완과 통증을 없애주고
    따뜻하게 함
  - 로즈마리(Rosemary) 3방울 - 혈액순환을 촉진시키며 발적제,
    관절 통증 완화
  - 레몬(lemon) 2방울 - 혈액순환 향상, 독소 배출

■ **캐리어 오일**

  호호바 오일(10ml)과 포도씨 오일(10ml)

■ **관리 요약(Treatment summary)**

  이번 주 마사지는 희정 씨가 매우 피곤함을 느껴서 원기를 돋우어 주었
  기 때문에 원하던 효과를 주었다.

Week 4

희정 씨는 미용실에서 일한 날에 긴장을 풀어주는 마사지를 원했다. 블렌
딩은 긴장을 풀어주고 안정을 주며 그녀의 특성을 고양시키도록 복합하여
선택하였다.

■ 블렌딩

- 베티버(vetiver) 3방울 - 발적제로 혈액순환을 촉진시키고 근심을 줄여
주고 마음을 맑게 하기 때문데 평온함을 줌
- 프랑킨센스(Frankincence) 3방울 - 정서적으로 안정과 평온감을 줌
- 만다린(mandarin) 2방울 - 신선한 기분, 기분 고양, 긴장 완화

■ 캐리어 오일

호호바 오일(10ml)과 포도씨 오일(10ml)

■ 관리 요약(Treatment summary)

프랑킨센스와 베티버는 희정 씨가 스트레스를 많이 받은 후에 긴장을
풀어주고 안정을 느끼도록 돕고 만다린은 기분을 고양시켜서 활기를 만
들어 주었다.

■ 결과

희정 씨는 육체적으로 심리적으로도 관리가 필요했으며, 아로마테라피
마사지는 스트레스로 인한 증상들을 완화시키는데 커다란 도움을 주었
다.

이와 같이 케이스 스터디는 고객의 관리를 받고 싶어 하는 목적과 현재의 고객의 육체
적, 심리적 상태를 분석, 파악하여 증상에 적합한 에센셜 오일을 선택하고 고객이 선호
하는 향으로 블렌딩하여 최대의 치료적 효과를 얻을 수 있도록 노력해야 한다. 매주 고
객의 상태 변화를 체크하여 관리 프로그램을 작성하는데 도움이 되게 한다.

아로마테라피는 지친 고객의 심신의 위로와 활기를 불어넣어 쾌적한 생활을 할 수 있
도록 도와주는 전인적 요법이다.

8

Practical use Aromatherapy

아로마 DIY(Do It Yourself)

오늘날 아로마테라피가 전 세계적으로 대중적 인기가 높아지고 있는 이 유 중 하나를 꼽는다면, 누구나 쉽게 할 수 있는 편리함과 활용 범위가 넓다 는 점이다. 아로마테라피는 이미 에스테틱과 스파 비즈니스와 연관된 피부 관리사, 의료계의 간호사, 의사, 한의사, 물리치료사들에게 이르기 까지 넓 게 응용하고 있다.

왜 자신만의 아로마 DIY 천연 제품을 만들려고 하는가?

- 가족, 친구, 고객을 위해 나만의 핸드 메이드 제품은 미용 건강을 위한 허브와 에센셜 오일의 천연 원료가 지닌 치유적 효능을 함께 동반한 다.
- 천연 허브, 과일, 채소에는 다량의 비타민, 단백질, 미네랄과 식물성 오일들이 함유되어 있다.
- 누구나 쉽게 만들 수 있으며 안심하고 재료를 활용할 수 있다.
- 보상의 대가를 느낄 수 있어서 만족도가 기쁨을 준다.

1. 비누

비누 만들기는 약간 귀찮은 작업일 수도 있다. 당신이 원하는 적절한 향, 당신의 필요에 의한 적합한 재료를 사용한다. 재료와 모양은 다양하게 적용할 수가 있다.

사용되는 비누는 100% 퓨어 비누로써 아로마 건강 비누이다.

1) 아로마 미백 비누 만들기

재료		용량
비누 베이스		1Kg
오일류	시어버터	10g
	식물성 글리세린	12g
	호호바 버진 오일	15g
첨가물	감초 추출물	5g
에센셜 오일	라벤더 에센셜 오일	5g
	만다린 에센셜 오일	15ml

(1) 비누 베이스를 일정한 크기로 잘게 자른다.

(2) 자른 베이스를 비커에 녹여준다.

(3) 베이스가 녹으면 오일류를 넣고 천천히 저어준다.

(4) 온도가 70도를 넘지 않게 한다.

(5) 첨가물을 넣고 저어준다.

(6) 맨 마지막에 온도가 식으면 에센셜 오일을 넣어서 저어준다.

(7) 비누 몰드에 에탄올을 골고루 뿌린 후 비누 베이스를 부어준다

(8) 비누 표면 기포에 에탄올을 뿌려준다.

2) 향기 초(Fragrant Candles)

초를 만드는 일은 많은 사람의 취미이기도 하다. 왁스가 녹기 시작하면 초의 심지를 넣고 3방울의 에센셜 오일을 넣어주면 좋은 향기 초를 만들 수 있다. 향기가 나는 초는 저녁 식사 전에 준비한다면 더욱 로맨틱한 분위기를 연출할 것이며, 손님을 위한 특별한 배려가 되기도 한다.

이처럼 아로마 에센셜 오일은 여러 가지로 사용을 할 수 있으며 "에센셜 오일과 향수 그리고 방향 물질들을 만나는 과정에서 열정적으로 흥미를 가지게 되었고 그 무한한 가능성-특히 젊어지려고 하는 데에 그 가능성은 매우 크다는 것"을 발견하였다. - 마가렛 모리-

2. 화장품

1) 기초 화장품 사용 방법

노폐물 제거 PH 조절, 냉장 보관 약 6개월간 사용

2) 화장수

(1) 라벤더 워터 60ml, 알로에 베라 워터 35ml, 글리세린 3ml

(2) 자몽씨 추출물 1ml, 솔루빌라이저 1ml

(3) 솔루빌라이저는 오일양의 2배로 넣어서 사용

(3) 라벤더 2방울, 제라늄 3방울

3) 크린싱 크림

(1) 살구씨 오일 10g, 호호바 오일 10g, 포도씨유10g

(2) 비타민 E 1g, 올리브 왁스 4g

(3) 정제수 60g, GSE 1g, 글리세린 4g

(4) 에센셜 오일 0.25%

(5) 제라늄 2방울, 라벤더 3방울

5) 아이 리무버

(1) 호호바유 5g, 포도씨유 5g, 살구씨유 4g

(2) 네롤리 워터 60g, 솔루빌라이저 20g, 올리브리퀴드 5g

(3) 제라늄 2방울, 일랑일랑 2방울, 버가못 1방울

3. 향수

일 년에 몇 번이나 되는 특별한 날들이 있다. 이러한 날들에는 특정 아로마를 사용해서 그날의 기쁨을 더하게 할 방법을 알아보기로 하자.

축하일(새해, 생일, 기념일)에는 에센셜 오일을 사용해서 그날을 더욱 기억하고, 즐거운 마음을 크게 만든다.

1) 생일(birthday)

평소에 본인이 즐겨하는 향을 사용하여 가정에서 사용하는 방법(램프, 스프레이), 피부에 적용하는(목욕법, 마사지) 방법 중 한 가지나 두 가지 모두를 선택하여 기분을 전환시키면서 분위기를 아로마틱하게 장식하여 '오늘은 나의 날'이라는 생각과 함께 행복감을 느끼게 한다.

2) 결혼식(weddings)

신랑 신부를 위한 특별한 향을 블렌딩하여 신랑 신부에게 사용하게 한다. 그 향이 그들의 삶 속에서 가장 행복했던 순간으로 기억되게 하는 자극제가 될 것이다.

3) 밸런타인데이(Valentine's Day)

향이 나는 밸런타인 카드를 보낸다면 그 향이 바로 당신의 표현이다. 사랑하는 사람에게 대한 당신의 의지를 분명하게 알리는 것이기도 하다. 모든 사랑하는 사람들은 향이 배인 밸런타인데이 카드가 기억 속에서 쉽게 사라지지 않을것이다. 선물 카드에 2방울의 로즈 에센셜 오일을 묻히거나, 선물 포장 박스에 에센셜 오일을 떨어뜨리기도 한다.

4. 방향제

1) 포푸리(Potpourri) 만들기

포푸리 향은 희미해져 가는 그 시절의 추억 속에 가깝게 느끼게 한다.

포푸리를 만드는 방법은 여러 가지가 있다. 전통적인 방법으로는 마른 꽃잎을 볼에 담는 것이다. 젖은 포푸리는 갓 만들어진 신선하고 축축한 꽃잎으로 만든다. 꽃잎이 건조한 상태에서는 가끔 향이 없고 단지 보기에 아름답고 고운 색깔일 뿐이다. 선택한 몇 방울의 에센셜 오일을 묻혀서 비닐 백에 넣어 며칠간 밀봉해 둔다. 아로마 향이 깊이 꽃잎에 배어들 것이다.

꽃 향의 시너지 블렌딩

종류	용량
로즈	3방울
제라늄	4방울
그레이프후룻	1방울
페티그레인	1방울
팔마로사	1방울

2) 향낭과 베개(Sachets and Pillows)

라벤더는 기분 좋은 향을 낼 뿐만 아니라 수세기 동안 옷이나 속옷에 좀이 쏠지 않도록 사용되었으며, 좋은 해충 퇴치 역할을 한다.

속옷 서랍과 컵보드, 신발, 부츠 등에 헝겊 주머니 속에 라벤더와 같은 말린 허브에 라벤더 오일을 뿌려 향주머니를 만들어 사용하기도 하며, 침실에서도 베개에 몇 방울의 라벤더(캐모마일, 네로리, 마조람 등) 에센셜 오일을 뿌려 사용한다.(불면증, 스트레스성 질환)

III

활용편
Practical Use

Practical use Aromatherapy

9

Practical use Aromatherapy

테라피(Therapy)

마음과 몸의 균형을 유지시켜 주는 식물을 이용한 전통 요법은 인간의 마음과 몸이 깨져 있는 상태인 질병에서 무너진 균형을 회복시켜 주는 것을 목적으로 한다.

- 체질 개선
- 자연 치유력
- 항산화 작용
- 영양 공급

1. 티 테라피 (Tea therapy)

■ 허브식물을 이용하여 만든 차(茶)를 알아보자

몸과 마음의 부조화로 인해서 생긴 질병을 꽃에서 추출한 에센스로 치유하는 아로마테라피는 사람이 병을 앓는 것이 단지 육체의 질병이 원인이 아니라 정신과 육체의 부조화가 원인이라는 것은 이미 과학적 임상으로서 입증이 되고 있다. 병의 증상은 부정적 정서 상태가 몸 밖으로 나타나는 현상이라고 할 수 있다. 이것은 마음이 혼란하고 불안하면 육체가 어떤 증상으로 표출되는 이유로 설명할 수 있다. 인간의 신체는 자체 면역력과 치유력을 갖고 있으므로 이를 자연과 조화를 이루어 가면서 질병을 다스릴 수 있는 안전한 방법을 식물의 에너지에서 찾게 되었다. 특히 꽃은 정서적으로 안정을 가져다 주고 행복한 마음을 갖게 되는 정서적인 부분은 물질 과학으로는 증명할 수 없지만 꽃이 가지고 있는 화학적 구성 성분들이 심리적 안정과 두뇌의 행복감을 주는 신경전달물질에 크게 관여하기 때문이다.

그것은 최근에 들어 꽃으로 심리치료를 하는 원예 치료, 꽃의 축출물인 정유로 정서적 안정을 유도하고 행복감을 주는 아로마테라피 등과 같은 대체요법으로 큰 관심을 갖게 되었다.

그중 식용 꽃을 채취하여 적절한 제다 방법으로 꽃차를 만들어 우림을 해서 대용차로 마시는 것은 각각의 꽃들이 갖고 있는 화학적 구성 성분들의 효능과 꽃의 심리적 안정 유도 효과들이 학계의 논문들을 통해서 티 테라피(tea therapy)로서의 가능성을 시사하고 적용되고 있는 현실이다.

꽃이 인간 영혼의 훌륭한 전달자임을 알게 되었고 질병을 가진 환자에게서 이들의 정서와 심리 상태가 질병에 커다란 영향을 주고 있다는 것을 임상을 통해서 발견되었다. 꽃의 에너지, 그 에너지의 힘을 태양이나 열에 의해서 만들어져서 응용해서 사용하게 된 것이다.

영국의 의사인 에드워드 바하(Edward Bach)는 명성 있는 병리학자이자 면역학자, 그리고 세균학자이기도 했다. 인간이 질병으로부터 안전할 수 있는 방법을 꽃에서 찾게 되었다.

그것은 개인의 감정이 부정적 정서 상태로 변하게 되면 :

용기(courage)와 신념(faith)은 공포(fears)로 변하고

자존심(self-esteem)은 열등감(iferiority)으로 변하고

명랑함(cheerfulness)은 우울함(melancholy)으로 변하고

친절함(humility)은 고독함(arrogance)으로 변하고

용서(forgiveness) 대신에 원망(blame)을 하고

희망(hope)을 버리고 절망(despair)을 택하며

자신감(belief)은 비판(pessimism)으로 바뀐다.

닥터 바하는 꽃의 고유한 에너지 진동을 통하여 영혼과 인격을 다시 연결하여 생명(건강)의 본질인 미덕을 다시 찾는다고 했다.

1) 꽃차의 이해

얼마 전부터 차인들 사이에서 연꽃차를 즐기는 것이 유행하였고, 최근에는 국화차, 매화차의 향과 건강에 좋다는 차(茶)들이 각광을 받고 있다.

꽃차를 화차(花茶)라고도 한다. 화차란 소위 6대 차류(녹차, 백차, 황차, 청차, 홍차, 흑차)의 찻잎과 꽃의 신선한 향기 성분이 어우러져 만들어진 것으로 어떤 차와도 다른 독특한 분위기를 가지고 있으며, 그중에서도 가공차(加工茶)로 분류된다.

찻잎에 천연의 꽃향기를 배어나게 해서 제조한 것이 화차인데, 1000년전 송나라때 차를 음용 중에 용뇌향(龍惱香)을 첨가시켜 제다한 것이 화차의 시초가 되었다.

오늘날 중국에서 가장 사랑을 받고 있는 화차는 모리화차(某莉花茶)이며 이것은 우리

가 잘 알고 있는 재스민차이다.

화차를 평가하는데 향기가 많고 적음은 화향(花香)의 수량 외에 음화(陰花)의 회수가 중요하다. 전통적인 제다 방법은 에센셜 오일 축출법의 냉침법과 유사하게 도자기 항아리 속에 겹겹으로 한 층은 차를 넣고 그 위에 다른 한 층은 꽃을 넣어 꽃향기가 찻잎 속에 충분히 배어나게 하는 방법이다. 현재에는 차와 꽃을 직접 혼합하여 차로 하여금 꽃향기를 충분히 배어나게 하는 방법을 사용한다. 예나 지금이나 선비들은 집 안 가득한 꽃 향에 취해 필묵으로 계절의 정취를 새겼으며, 한잔의 화차(花茶)를 마시며 변화하는 계절을 음미하기도 하였다.

중국 명나라 때 허차서의 《다소》에는 차를 즐기기 알맞은 때를 14가지로 설명하기도 했다.

- 마음도 손도 모두 한가로울 때
- 시를 읽고 피곤을 느꼈을 때
- 생각이 어수선할 때
- 휴일에 집에서 쉴 때
- 음악을 듣고 그림을 감상할 때
- 한밤중에 이야기를 나눌 때
- 가볍게 소나기가 내릴 때
- 여름날 연꽃을 한눈에 내려다볼 수 있는 누각 위에 있을 때
- 좁은 서재에서 향을 피우면서
- 연회가 끝나고 손님이 돌아간 뒤
- 조용한 절에서…

고령화 시대에 현대인들에게 건강하고 아름다운 삶을 유지하고 싶은 욕구는 신체적으로, 정신적으로 건강한 것이다. 건강관리로서의 테라피(Therapy)는 예방의학과 뷰티의 융합으로 이루어진 대체 보완요법으로 재생산되었다 인체의 항성성 유지와 몸과 마음의 힐링을 위한 티 테라피(Tea therapy)를 알아보자.

2) 향(香, fragrance)

향은 자연 향이나 합성 향이나 모든 향은 맛을 내는 재료로서 중요한 역할을 하고 있다. 그것은 후각과 미각은 함께 작용을 하기 때문이다. 또한, 음식이나 차(茶)의 맛은 일반적으로 맛[味] 그 자체에 향(香)이 어우러진 것이라고 할 수 있다. 식도락가나 애주가들보다는 향수를 만드는 사람이나 음식, 포도주의 맛을 감별하는 사람, 주방장 등과 같은 일을 하는 이들 중에 진정한 미식가가 많다는 통계는 향과 맛과의 밀접한 상관관계를 말해 준다. 하지만 생물학적, 동물학적 관점에서 인정될 수 있는 맛에 사용되고 있는 향의 수는 극히 제한되어 있다. 식물의 방향성 향유로 질병을 치료하는 방향요법은 고대 이집트와 로마, 그리스인들 사이에서 널리 이용되었다. 일본의 한 종합대학의 의학부에서 발표한 사례에 의하면 귤, 유자, 레몬과 같은 시트러스계의 향이 스트레스로 인한 우울증 치료에 커다란 효과가 있다고 했으며, 증상이 심한 환자에게 향기요법과 약을 병용한 결과 3개월 이내에 건강을 회복시킨 성과를 공개하기도 하였다.

우리나라 조선시대 허준의 《동의보감》에도 향(香)요법을 치료 방법으로 이용하였다는 기록이 있다. 시대와 지역은 다르지만 특정 식물과 인체 기관 간의 상관성을 발견하여 질병의 요인에 적절한 식물 또는 식물의 향(香)을 이용하여 치료했다. 이외에도 특정 식물의 잎, 줄기, 꽃의 향으로 질병을 치료했다는 흔적들이 각종 문헌 등에 많이 수록되어 있다. 양귀비꽃의 향기를 맡으면 용기를 잃지 않는다고(일종의 환각작용) 했으며, 오랑캐 꽃의 향기는 사람의 마음을 안정시키는 효과로 사용하기도 했다.

3) 맛(味, taste)

최근 생활의 여유가 생기고 삶의 질이 높아짐에 따라 문화적으로도 세계와의 교류가 활발해졌다. 세계 각국의 맛을 경험하고 있는 우리들이 느끼는 맛의 다양함에 새삼 놀라게 된다. 맛의 첫 단계는 혀에서 감지하게 된다. 혀에서 느끼는 맛의 중요한 원리는 맛을 감지하는 미각 수용체와 화학물질 간의 상호작용 때문이다. 맛은 신맛, 쓴맛, 단맛, 짠맛, 등으로 구분된다. 최근에는 제5의 맛, 또는 우아한 맛(uami)이라는 새로운 맛의 과학이 밝혀지고 있다.

페닐알라닌과 아르기닌은 쓴맛, 글리신과 알라닌은 단맛은 아미노산의 일종인 아스파트산과 단백질의 하나인 히스티딘은 신맛은 낸다는 많은 연구가 진행되고 있다. 그러나 최고의 맛[味]은 단순히 입속의 혀에서 감지되는 미각과 촉각에 의한 결정뿐만이 아니라 더 높은 차원의 감각을 필요로 하고 있다. 음식물의 소화와 흡수가 이루어지는 소화기관이 신체의 자율신경계의 영향을 받고 있으면서 두뇌의 정서적 시스템에도 연관이 되어 있다. 따라서 최고의 맛은 단순히 음식의 화학적이고 물리적인 작용뿐만 아니라 사회적

맛, 즉 감성적인 맛[味]이 함께 어우러져야 한다. 사랑하는 사람들과 행복한 분위기에서 최고의 맛을 느낄 수 있는 것이다. 음식의 최고의 맛을 향유할 수 있는 것이 행복감을 높여주고 삶을 풍요롭게 하는 방법이다.

4) 미각과 후각의 변화

사람들이 주변 환경으로부터 느끼는 여러 가지 자극 중에 특히 화학적 자극에 대한 감각적 반응이 맛과 냄새이다. 시각, 청각, 촉각, 통각 등은 물리적 자극에 대한 감각이지만 혀와 코로 느끼는 미각과 후각은 화학적 자극에 대한 감각이다. 이러한 화학적 자극원들의 자극 강도, 온도, 경도 등을 인지하는 삼차신경의 감각까지 미각과 후각에서 어우러져서 맛을 결정하고 먹고, 마시고 싶은 욕구를 나타낸다. 좋은 향을 맡고 자란 어린이는 정서적으로 안정이 되었고, 후각 기능이 퇴화된 사람의 삶의 행복지수는 낮았다고 보고된 바 있다. 또한, 일반적으로 성별에 따른 후각의 변화 정도가 현저하다. 여성이 전 연령군에서 남성보다 냄새에 대한 예민도, 분별 능력이 높다. 남성은 사향, 바나나 향 등을 선호하였고 여성은 장미 향, 계피 향에 친근감을 나타냈다. 후각의 예민한 정도는 냄새의 분

별 능력과 상관없이 연령이 증가함에 따라 서서히 저하된다.

5) 꽃차의 맛과 건강

(1) 식물의 효능

① 해표약(解表藥) : 땀내기를 촉진시켜서 체내의 노폐물 배출을 촉진한다.

금기사항 : 허약 체질, 노약자

꽃차 이름	맛	사용 부위	자체 열
국화차	달고 쓰다	꽃	시원
목련꽃차	맵다	꽃	차다
박하차	맵다	잎	시원
뽕잎차	쓰고 달다	잎	차다
생강차	맵다	뿌리	따뜻
칡꽃차	달다	꽃, 뿌리	보통

② 이수약(利水藥) : 이뇨 작용으로 노폐물 배출 촉진, 황달 및 결석 증상에 효과적이다. 금기사항 : 장기 복용

꽃차 이름	맛	사용 부위	자체 열
도라지꽃차	쓰고 맵다	꽃, 뿌리	보통
살구꽃차	쓰다	꽃, 씨앗	따뜻
연꽃차	쓰다	꽃, 뿌리	차다
옥수수꽃차	달다	꽃	보통
패랭이꽃차	쓰다	꽃, 줄기	차다

③ 청열약(淸熱藥) : 발열 증상 완화

금기사항 : 양기 부족, 설사

꽃차 이름	맛	사용 부위	자체 열
결명자꽃차	쓰고 달다	꽃, 씨앗	시원
금은화차	달다	꽃	차다
맨드라미꽃차	달다	꽃, 씨앗	시원
개나리꽃차	쓰다	꽃, 열매	시원
민들레꽃차	쓰고 달다	꽃	차다
모란꽃차	맵고 쓰다	꽃	시원
작약꽃차	시고 쓰다	꽃, 뿌리	시원
차나무꽃차	쓰고 달다	꽃, 잎	시원
치자꽃차	쓰다	꽃, 열매	차다

④ 사하약(瀉下藥) : 숙변 제거 효능

금기사항 : 허약 체질

꽃차 이름	맛	사용 부위	자체 열
나팔꽃차	쓰고 맵다	꽃, 씨앗	차다
살구꽃차	쓰다	꽃, 씨앗	따뜻
복숭아꽃차	쓰고 달다	꽃, 열매	보통
자리공꽃차	쓰다	꽃, 뿌리	보통

⑤ 보익약(補益藥) : 과로로 인한 기운과 혈액 보충 효과

금기사항 : 비만

꽃차 이름	맛	사용 부위	자체 열
대추차	달다	열매	따뜻
모란꽃차	맵고 쓰다	꽃, 뿌리	시원
생강차	맵다	뿌리	따뜻

⑥ 보기약(補氣藥) : 식은땀을 막고 살은 안 찌고 기운이 나게 하는 효능

금기사항 : 열이 많고 비만인 경우

꽃차 이름	맛	사용 부위	자체 열
대추차	달다	열매	따뜻
맥문동꽃차	달고 쓰다	꽃, 뿌리	차다
맨드라미꽃차	달다	꽃	시원
산수유꽃차	시다	꽃, 열매	미지근
오미자차	시다	열매	따뜻
석류꽃차	시다	꽃, 열매, 뿌리	따뜻
인삼차	달고 쓰다	뿌리	따뜻
칡꽃차	달다	꽃, 뿌리	보통

⑦ 보혈약(補血藥) : 피부 건조, 안구 건조, 생리불순에 효과

금기사항 : 비만, 설사

꽃차 이름	맛	사용 부위	자체 열
구기자차	달다	열매	보통
닥나무꽃차	달다	꽃, 열매	차다
매화차	시다	꽃, 씨앗	따뜻
맥문동차	달고 쓰다	꽃, 뿌리	차다

⑧ 온리약(溫裏藥) : 매운 약성으로 수족냉증, 설사

금기사항 : 열이 많은 경우

꽃차 이름	맛	사용 부위	자체 열
오수유꽃차	맵고 쓰다	꽃, 뿌리	따뜻
생강차	맵다	뿌리	따뜻

⑨ 이기약(理氣藥) : 스트레스로 인한 가슴답답, 복부 팽만감, 소화장애에 효과

   금기사항 : 허약체질

꽃차 이름	맛	사용 부위	자체 열
금은화차	달다	꽃	차다
도라지꽃차	쓰고 맵다	꽃, 뿌리	보통
부용차	맵다	꽃, 잎	보통
탱자꽃차	쓰다	꽃, 열매	차다

⑩ 방향화습약(芳香化濕藥) : 가스찬 증상, 살균 효과

   금기사항 : 허약 체질

꽃차 이름	맛	사용 부위	자체 열
박하차	맵다	잎	시원

⑪ 활혈약(活血藥) : 출혈 억제, 어혈, 혈액순환 장애

   금기사항 : 허약 체질

꽃차 이름	맛	사용 부위	자체 열
골담초꽃차	쓰고 달다	꽃, 씨앗	시원
둥글레꽃차	달다	꽃	차다
복숭아꽃차	쓰고 달다	꽃, 열매	시원
은행나무꽃차	쓰고 달다	꽃, 씨앗	시원
능소화꽃차	시다	꽃	차다
무궁화차	달고 쓰다	꽃	시원
작약꽃차	시고 쓰다	꽃, 뿌리	시원
유채꽃차	쓰고 달다	꽃, 씨앗	따뜻
홍화차	쓰다	꽃, 씨앗	따뜻
옻나무꽃차	맵다	꽃, 수피	따뜻
익모초꽃차	맵고 쓰다	꽃, 잎, 줄기	시원
회화나무꽃	쓰다		시원

　일반적으로 차(茶)는 모든 이들이 음용해도 되지만 티 테라피(Tea therapy)에서는 개인의 건강 상태와 취향에 따른 차를 선택하는 것이 중요하다. 몸에 열이 많은 체질이 따뜻한 약성을 가진 차(茶)를 장기간 마시게 되면 피부발진, 변비, 두통, 홍분과 소화장애 등의 대사 기능의 항진을 나타내기도 하고, 몸이 찬 체질이 찬 약성을 가진 차(茶)를 장기간 마시게 되면 설사, 소화불량, 수족냉증 등의 대사 기능 저하의 증상이 나타날 수 있다.

　은은한 향(香)과 고고한 색(色), 담담한 맛[味]을 지닌, 우리 산과 들에서 자라고 있는 식물들을 이용해서 만들어낸 우리 차(茶)를 통해서 자연과의 소통, 믿음, 기다림 등의 다양한 한국적 정서들이 우려지기를 바란다.

6) 차(茶)식물의 이해

와인의 여러 종류를 경험하고 고객에 맞는 와인을 추천해주는 사람을 '소믈리에'라고 부른다.

차 소믈리에(Tea Sommelier)는 식물의 부위별 특성과 효능에 대한 지식을 가지고 있으면서, 많은 종류의 티를 시음하고 그 특징과 배경을 올바로 이해하고 고객에게 적절한 차를 소개하고, 삶의 향기를 만들어 나누어 주는 전문가라고 할 수 있다.

(1) 차의 특성(Characteristics of Tea)

정의(定義, Definition) : 차(茶, Tea)는 '식물의 꽃, 가지, 잎, 뿌리가 가지고 있는 향, 색, 맛 등을 즐길 수 있도록 여러 가지 방법을 이용하여 제다한 것을 우려서 만든 마실 것'이라고 할 수 있다.

(2) 차의 분류(分類, Classification of tea)

육대 기본 차류의 개념은 중국의 제다학 전문가인 안휘성(안후이성, Anhui, 安徽省) 농업대학의 차학과 교수 진연(陳椽)이 제일 먼저 확립한 것이다.

후에 그의 연구에 근거하여 중국의 고등 농업원 학교의 통일 교제로 엮은 《제다학(製茶学)》에서 현재에 생산되는 기본 차류는 녹차, 백차, 황차, 청차, 홍차, 흑차 이렇게 육대차류로 명확하게 제시했다. 기타는 재가공 다류로 분류하여 꽃차 등이 여기에 속하는 것으로 분류하였다.

6대 및 기타 다류의 특성

구분	종류	발효 유무	발효 정도(%)	대표차	발효(%)
기본 차- 6대 다류	녹차(綠茶) green	불발효 (不醱酵)	10 미만	용정차	5
	백차(白茶) white	미발효 (微醱酵)	5~15	백호은침	10
	황차(黃茶) yellow	경발효 (輕醱酵)	10~25	군산은침	15
	청차(青茶) blue	반발효 (半醱酵)	20~70	철관음	40
	홍차(紅茶) red	전발효 (全醱酵)	70~95	기문홍차	80
	흑차(黑茶) black	후발효 (後醱酵)	80~98	보이차	95
재가공 다류- 완성된 차 또는 모차를 다시 가공(첨향, 배합 등)하여 만드는 차	꽃차 (花茶)	식물의 꽃을 이용하여 만든 차			
	긴압차 (緊壓茶)	뜨거운 수증기로 압을 가해 만든 차			
	췌취차 (萃取茶)	추출차			
	과미차 (果味茶)	과일차			
	약용보건차 (藥用保健茶)	쌍화차			
	함차음료 (含茶飲料)	차 성분이 함유된 음료			

7) 꽃차의 분류

(1) 생리 생태적인 특성에 따른 꽃차

꽃차를 만드는 식물의 생리 생태적인 특성에 따라 분류한 것으로 보통 원예학에서 화훼류를 분류할 때에 가장 많이 사용하는 기준이기도 한다.

꽃차 종류	식물 종류
일년초 화류 꽃차 annuals	춘파 일년초 : 해바라기, 코스모스, 분꽃, 메리골드, 금잔화, 천일홍, 맨드라미
	추파 일년초 : 팬지, 페튜니아, 데이지, 프리뮬라, 스토크, 유채
이년초 화류 꽃차 biennials	접시꽃, 익모초, 달맞이꽃
다년초 화류 꽃차 perennials	노지 숙근초 : 도라지, 뚱딴지, 구절초, 감국, 작약, 원추리, 옥잠화
	온실 숙근초 : 베고니아, 제라늄
난초 화류 꽃차 orchids	동양란 : 풍란, 나도풍란, 석곡, 춘란, 새우난초
	서양란 : 심비디움, 카틀레야, 덴파레, 팔레놉시스
구근초 화류 꽃차 bulbs	춘식 구근 : 백합, 글라디올러스, 칸나, 다알리아
	추식 구근 : 수선화, 튤립, 프리지아, 히야신스, 아이리스
다육식물류 꽃차 succulents	선인장 : 게발선인장
	다육식물 : 알로에, 유카
화목류 꽃차 flowering trees	관목 : 개나리, 진달래, 생강나무, 장미, 목단, 무궁화, 함박꽃나무, 산당화
	교목 : 목련, 벚나무
	덩굴 : 등, 인동덩굴

(2) 화(花) 색의 특성에 따른 꽃차

제다를 하고 난 후의 꽃차 색에 의한 분류법이다.

화색(花色)	식물 종류
적색 계열 (Red)	맨드라미, 진달래, 코스모스, 분꽃, 천일홍
황색 계열 (Yellow)	금어초, 해바라기, 뚱딴지, 국화
녹색 계열 (Green)	쑥꽃
청색 계열 (Blue)	도라지, 수레국화
자색 계열 (Violet)	용담, 스토크

(3) 우림 색의 특성에 따른 꽃차

꽃차를 우림했을 때의 차색의 특성으로 분류한 것으로 제다한 꽃의 색과 대부분이 비슷하지만 팬지 등과 같이 확연하게 다른 종류들도 있다.

화색(花色)	식물 종류
적색 계열 (Red)	맨드라미, 분꽃, 천일홍
황색 계열 (Yellow)	금어초, 노랑코스모스, 금계국
녹색 계열 (Green)	팬지
청색 계열 (Blue)	도라지
자색 계열 (Violet)	용담, 당아욱

(4) 계절에 따른 꽃차

식품은 제철에 나는 것을 섭취했을 때에 가장 맛과 영양 면에서 뛰어나다고 할 수가 있다. 뛰어난 꽃차도 제철의 산과 들에서 재료를 채취하여 제다하는 것이 가장 좋은 향과 맛이 꽃차를 만들 수가 있다. 꽃차인들은 식물들의 개화기를 아는 것도 중요하며, 이러한 내용들을 숙지하고 있다면 계절에 따른 많은 꽃들이 기다려지게 될 것이다.

계절(季節)	식물 종류
봄 꽃차 (Spring)	매화, 팬지, 생강나무, 벚나무, 목련, 진달래
여름 꽃차 (Summer)	도라지, 해바라기, 금잔화, 메리골드, 금계국
가을 꽃차 (Fall)	산국, 구절초, 뚱딴지, 국화, 용담
겨울 꽃차 (Winter)	동백, 해당화

8) 꽃차의 역사(歷史, History of Flower Tea)

(1) 우리나라

우리나라의 꽃차는 고려시대 술이나 차로 꽃을 사용하였다는 기록이 있고, 조선시대에 《규합총서》등에는 매화를 우려 마시는 것과 도화꽃과 진달래꽃 등에 대한 몇 가지 기록이 있다.

(2) 중국

세계의 여러 나라에서 널리 즐기는 차의 원산지는 중국의 운남성, 귀주성, 사천성 산간지이고 처음에는 음료보다는 약으로 사용되었다.

육우(陸羽)가 저술한 《다경(茶經)》 중에 중국 고대의 3황5제 중에 3황에 속하는 신농씨(神農氏)가 인간에게 맞는 약을 찾아 산과 들을 돌아다니면서 초근목피를 채취하여 먹었는데 하루에도 수십 번씩 독초를 먹게 되었으며, 그때마다 차의 잎으로 해독하였다는 기록이 있다.

당(唐)시대(618~907)에는 실크로드를 이용한 교역을 활성화시켜 국제적 감각을 띤 문화를 이루었으며, 차가 대중 음료로써 본격적으로 정착하기 시작되었다. 당시 대도시였던 장안과 낙양 등에서는 일반 가정에서도 차를 마셨지만 거리에는 다점(茶店)이라는 찻집이 많이 출연하였다.

송(宋)시대(960~1279)는 지금으로부터 1천 여 년전으로 차에 용뇌향 등의 첨가물을 이용하여 향을 좋게 만들어서 먹기 시작하였다.

원(元)시대(1271~1368)에는 북방의 유목민족과 교류가 생기면서 차에 버터와 우유를 넣어 즐겨 마셨다.

명(明)시대(1368~1644)에는 고형차로부터 가마솥에다가 차를 덖어서 오늘날의 엽차 형태로 만드는 일대 제조법의 전환을 가져오게 되었으며, 잎차에 재스민 등의 꽃 향기를 첨가하기 시작한 것도 이 무렵이다.

9) 꽃차와 식물(Flower Tea and Plant)

(1) 식용 꽃(食用花, Edible Flower)

식약처의 홈페이지에 나와 있는 식품 재료에서 독성 등의 문제가 없어서 먹을 수 있는 꽃의 목록은 아래와 같다.

No.	식물명	과명	특성
1	국화	국화과	
2	금어초	현삼과	
3	동백	차나무과	
4	매화	장미과	
5	베고니아	베고니아과	
6	복숭아	장미과	

7	살구	장미과	
8	아카시아	콩과	
9	장미	장미과	
10	재스민	물푸레나무과	
11	제라늄	쥐손이풀과	
12	진달래	진달래과	
13	팬지	제비꽃과	
14	호박	박과	
15	한련화	한련과	

우리나라 식용 꽃의 현황은 금잔화, 데이지, 마가렛, 메리골드, 보리지, 비올라, 임파첸스, 프리뮬라(주리앙), 패랭이꽃, 팬지, 금어초, 장미, 한련화, 베고니아, 허브 등 30여 종을 판매하고 있다.

(2) 못 먹는 꽃

식약처의 홈페이지에 나와 있는 식물 재료에서 독성 등의 문제로 먹지 못하는 꽃에는 애기똥풀, 은방울꽃, 디기탈리스, 동의나물, 삿갓나물, 철쭉 등이 있다.

우리나라의 경우 독성이 강한 식물 분류군은 미나리아재비과, 천남성과, 양귀비과, 대극과, 협죽도과의 5개과가 대표적이다.

No.	식물명	과명	특성
1	동의나물	미나리아재비과	
2	디기탈리스	현삼과	
3	삿갓나물	백합과	
4	애기똥풀	양귀비과	

5	은방울꽃	백합과	
6	철쭉	진달래과	

꽃차 식물 리스트(1등급)

No.	과명	식물명	비고
1	국화	감국	산국/야국화
2		구절초	
3		금계국	
4		금잔화	*
5		노랑코스모스	
6		뚱딴지	돼지감자
7		캐모마일	
8	녹나무	생강나무	
9	목련	백목련	신이화
10	비름	맨드라미	계관화
11		천일홍	
12	분꽃	분꽃	
13	작약	작약	함박꽃
14	장미	벗나무	
15		장미	**
16		해당화	
17	제비꽃	팬지	**
18	초롱꽃	도라지	
19	콩	아카시아나무	**
20	현삼	금어초	**

꽃차 식물 리스트(2등급)

No.	과명	식물명	비고
1	국화	과꽃	
2		쑥	
3		잇꽃	홍화
4	목련	함박꽃나무	산목련
5	바늘꽃	달맞이꽃	
6	베고니아	꽃베고니아	**
7	봉선화	임파첸스	*
8	수련	연꽃	
9	십자화	유채	
10	아욱	목화	
11		무궁화	
12	앵초	프리뮬라	*
13	용담	용담	금은화
14	인동	인동덩굴	
15	장미	매실나무	**
16		찔레꽃	
17	쥐손이풀	제라늄	**
18	차나무	동백나무	**
19	콩	칡	
20		붉은토끼풀	

꽃차 식물 리스트(3등급)

No.	과명	식물명	비고
1	국화	국화	**
2		백일홍	
3		메리골드	
4		코스모스	
5		해바라기	
6	꿀풀	꿀풀	
7		배초향	방아
8	백합	두메부추	
9		옥잠화	
10		원추리	
11		맥문동	
12	범의귀	산수국	
13	석죽	패랭이꽃	*
14	아욱	접시꽃	
15	인동	병꽃나무	
16	장미	산당화	명자꽃나무
17		개복사나무	
18	진달래	진달래	**
19	콩	등	
20	한련	한련화	*

※ : 농장에서 식용 꽃으로 인정

※※ : 식약처에서 식용 꽃으로 인정

꽃차 나무 리스트(4등급)

No.	과명	식물명	비고
1	국화	데이지	*
2		벌개미취	
3	닭의장풀	닭의장풀	
4	무환자나무	모감주나무	황금비나무 (golden rain)
5	물푸레나무	개나리	
6		금목서	
7		수수꽃다리	
8	박	호박	**
9	백합	둥굴레	
10	붓꽃	범부채	
11		붓꽃	
12		꽃창포	
13	아욱	부용	
14	운향	산초나무	
15	장미	산오이풀	
16		귀룽나무	
17	차나무	차나무	
18	층층나무	산딸나무	
19	콩	박태기나무	
20		자운영	

10) 꽃차의 맛

꽃차로 이용되는 식물이 가지고 있는 맛을 5가지로 분류하였다(Table). 선별된 55종 중 쓴맛이 11종으로 가장 많았고 단맛, 매운맛, 그리고 신맛 순이었고 짠맛은 없었다. 또 2가지 맛을 나타내는 것이 21종이었고, 그중 쓴맛과 단맛을 함께 가진 꽃이 가장 많았다. 꽃차의 맛과 기능성 향상을 위해 한약재, 녹차 및 감초 등을 보조재로 활용하고 있다.(박 등, 2005) 무궁화차에 레몬즙을 첨가하고, 매실차에는 황설탕을 첨가한다. 또 쑥차에 감초를 보조재로 활용하고, 산수유 열매에 포도당, 뽕나무잎에 올리고당을 첨가한다. 꽃차의 맛을 소비자들의 취향에 맞게 향상시키고 개발하는 것은 앞으로 더 연구해야할 과제이다.

맛에 의한 꽃차의 분류

구분	종류
달다	구기자차, 금은화차, 닥나무꽃차, 대추차, 둥굴레꽃차, 맨드라미꽃차, 옥수수꽃차, 자귀나무꽃차, 청미래덩쿨차, 칡꽃차 (10종)
쓰다	개나리꽃차, 살구꽃차, 연꽃차, 용담꽃차, 자리공꽃차, 제비꽃차, 치자꽃차 탱자꽃차, 패랭이꽃차, 할미꽃차, 화화나무꽃차 (11종)
시다	능소화차, 매화차, 산수유꽃차, 석류꽃차, 오미자차 (5종)
짜다	
맵다	목련꽃차, 박하차, 부용꽃차, 생강차, 옻나무꽃차, 유채꽃차, 향유꽃차, 홍화차 (8종)
달고 쓰다	국화차, 맥문동차, 무궁화차, 인삼차 (4종)
달고 시다	신자고꽃차 (1종)
쓰고 달다	결명자차, 나팔꽃차, 민들레꽃차, 복숭아꽃차, 뽕잎차, 송화차, 은행나무꽃차, 차나무 꽃차, 패모꽃차 (9종)
쓰고 맵다	도라지꽃차, 골담초꽃차 (2종)

맵고 쓰다	모란꽃차, 오수유꽃차, 익모초꽃차, 현호색꽃차 (4종)
시고 쓰다	작약꽃차 (1종)

11) 꽃차의 독성

꽃차로 이용되는 식물 중에 독성이 있는 식물은 음용 시 주의해야 한다. 선별된 55종 중 87%인 48종은 독성이 없는 식물이다(Table). 나팔꽃차, 산자고꽃차, 살구꽃차, 석류 꽃차, 옻나무꽃차, 자리공꽃차 등 8종은 독성이 있는 식물로 신체가 허약한 사람은 복용 를 금하거나 주의해야 한다.

독성에 의한 꽃차의 분류

구분	종류
있다	나팔꽃차, 산자고꽃차, 살구꽃차, 석류꽃차, 옻나무꽃차, 은행나무꽃차, 자리공꽃차(7종)
없다	개나리꽃차, 결명자꽃차, 골담초꽃차, 구기자차, 국화차, 금은화차, 능소화차, 닥나무꽃차, 대추차, 도라지꽃차, 둥굴레꽃차, 매화차, 맥문동꽃차, 맨드라미꽃차, 모란꽃차, 목련꽃차, 무궁화차, 민들레꽃차, 박하차, 복숭아꽃차, 부용꽃차, 뽕잎차, 산수유꽃차, 생강차, 송화차, 연꽃차, 오미자차, 오수유꽃차, 옥수수꽃차, 용담꽃차, 유채꽃차, 익모초꽃차, 인삼차, 자귀나무꽃차, 작약꽃차, 제비꽃차, 차나무꽃차, 청미래덩쿨꽃차, 치자꽃차, 칡꽃차, 탱자꽃차, 패랭이꽃차, 패모꽃처, 할미꽃차, 향유꽃차, 현호색꽃차, 홍화차, 회화나무꽃차(48종)

12) 꽃차의 이용 부위

식물을 차로 이용할 수 있는 부위는 꽃, 줄기, 잎, 뿌리, 열매와 씨앗 등이다(Table).

식물의 부위 중 꽃만 차로 이용 가능한 것은 국화, 금은화, 능소화, 목련, 민들레, 옥수수꽃, 옻나무, 소나무, 자귀나무와 회화나무 등 10종이었고, 박하와 뽕나무는 잎만, 생강과 인삼은 뿌리만, 구기자, 대추와 오미자는 열매만 이용 가능했다.

부용과 차나무는 꽃과 잎을 차로 이용할 수 있는 식물이다. 꽃과 줄기를 차로 이용할 수 있는 것은 익모초, 향유와 패랭이 등 3종이다.

꽃과 뿌리를 차로 이용할 수 있는 식물은 골담초, 도라지, 둥굴레, 맥문동, 모란, 무궁화, 산자고, 연, 용담, 자리공, 작약, 청미래덩쿨, 칡, 패모, 할미꽃 및 현호색 등 16종이다.

꽃과 열매를 차로 이용할 수 있는 식물은 개나리, 닥나무, 매화, 복숭아, 산수유, 오수유, 치자와 탱자나무 등 8종이다.

꽃과 씨앗을 차로 이용할 수 있는 식물은 결명자, 나팔꽃, 맨드라미, 살구나무, 유채꽃, 은행나무와 홍화 등 7종이다.

차로 이용되는 부위가 3가지 이상인 것은 제비꽃과 석류나무이다. 제비꽃은 꽃, 줄기와 뿌리를, 석류나무는 꽃, 뿌리와 열매를 차로 이용할 수 있다.

꽃을 이용한 차는 기호품으로 많이 애용되고 있다. 줄기, 잎, 뿌리, 열매와 씨앗 등을 이용한 차는 한방이나 민간에서 약용의 목적으로 이용하는 경우가 많다.

이용 부위에 따른 꽃차의 분류

구분	종류
꽃	국화차, 금은화차, 능소화차, 목련꽃차, 민들레꽃차, 송화차, 옥수수꽃차, 옻나무꽃차, 자귀나무꽃차, 회화나무꽃차 (10종)
잎	박하차, 뽕잎차 (2종)
뿌리	생강차, 인삼차 (2종)
열매	구기자차, 대추차, 오미자차 (3종)
꽃, 잎	부용꽃차, 차나무꽃차 (2종)
꽃, 줄기	익모초차, 패랭이꽃차, 향유꽃차 (3종)
꽃, 뿌리	골담초꽃차, 도라지꽃차, 둥굴레꽃차, 맥문동꽃차, 모란꽃차, 무궁화꽃차, 신자고꽃처, 연꽃차, 용담꽃차, 자리공꽃차, 작약꽃차, 청미래당쿨꽃차, 칡꽃차, 패모꽃차, 할미꽃차, 현호색꽃차 (16종)
꽃, 열매	개나리꽃차, 닥나무꽃차, 매화차, 복숭아꽃차, 산수유꽃차, 오수유꽃차, 치자꽃차, 탱자꽃차 (8종)
꽃, 씨앗	결명자꽃차, 나팔꽃차, 맨드라미꽃차, 살구꽃차, 유채꽃차, 은행나무꽃차, 홍화차 (7종)
꽃, 줄기, 뿌리	제비꽃차 (1종)
꽃, 뿌리, 열매	석류꽃차 (1종)

13) 꽃차의 이용 계절

꽃차를 쉽게 이용할 수 있는 계절별로 분류하였다. 봄에 만나는 꽃차, 여름에 만나는 꽃차, 가을에 만나는 꽃차, 겨울에 만나는 꽃차로 나누었다. 봄 꽃차가 23종으로 가장 많았고, 여름 꽃차 17종, 가을 꽃차 8종, 겨울 차는 한 종류로 가장 적었다. 하지만 이 분류는 꽃차를 만들 수 있는 계절의 구분일 뿐 건조시키거나 저장해 상품화한 가공품은 계절적 제한성이 없다. 생강차, 뽕잎차, 인삼차, 대추차, 구기자차와 오미자차는 꽃 피는 계절과 상관없이 이용할 수 있는 차이다.

계절별 이용 가능한 꽃차의 분류

구분	종류
봄	개나리꽃차, 골담초꽃차, 금은화차, 닥나무꽃차, 둥굴레꽃차, 모란꽃차, 목련꽃차, 민들레꽃차, 복숭아나무꽃차, 산수유꽃차, 산자고꽃차, 살구꽃차, 송화차, 오수유꽃차, 옻나무꽃차, 유채꽃차, 은행나무, 꽃차, 제비꽃차, 청미래덩쿨차, 탱자꽃차, 패모꽃차, 할미꽃차, 현호색꽃차 (23종)
여름	결명자꽃차, 나팔꽃차, 능소화차, 도라지꽃차, 맥문동꽃차, 맨드라미꽃차, 무궁화차, 부용꽃차, 석류꽃차, 연꽃차, 옥수수꽃차, 익모초꽃차, 자귀나무꽃차, 자리공꽃차, 작약꽃차, 치자꽃차, 패랭이꽃차, 향유꽃차, 홍화차, 회화나무꽃차 (20종)
가을	국화차, 용담꽃차, 차나무꽃차, 칡꽃차 (4종)
겨울	매화차 (1종)

14) 차(茶)의 즐거움(花茶五樂, Pleasure of Tea)

(1) 만드는 즐거움(Making)

식물의 특성에 따른 부위를 이용하여 차로 만드는 과정은 식물과의 교감하는 시간이며 자연의 생리를 이해하는 시간이기도 하다.

(2) 우리는 즐거움(Infusing)

제다한 차를 차호에서 끓은 물을 이용하여 향과 색을 내는 과정은 선택한 재료에 대한 특성을 알게 하는 기쁨과 행복한 순간이다.

(3) 마시는 즐거움(Drinking)

내가 직접 만든 차를 마시는 즐거움이란 믿음, 소통과 동행이다.

(4) 나누는 즐거움(Sharing)

사랑과 정성이 담긴 차를 좋은 지인들과 나눔으로써 느끼는 즐거움은 매우 크다.

(5) 상품화되는 즐거움(Selling)

직접 만든 것을 상품화하여 고객에게 선택되었을 때의 기쁨은 하나의 결과물이요 노력에 대한 보상의 효과이다.

15) 꽃차 제다법(製茶法, Processing of Flower Tea)

(1) 제다법의 종류와 특성
① 재가공 다류

꽃차, 긴압차, 과미차, 약용 보건차, 함차 음료
② 자연 건조 꽃차 제다법

갓 핀 꽃이나 피기 직전 봉우리를 채취하여 바람이 잘 통하는 반 음지에서 건조시키는 방법
③ 기계 건조 꽃차 제다법

식품건조기, 고추건조기 등의 기계 시설에 일정 온도(40~70도)를 유지하여 건조하는 방법
④ 동결 건조 꽃차 제다법

재료를 동결시키고 감압함으로 얼음을 승화시켜 수분을 제거하여 건조하는 방법
⑤ 증기 꽃차 제다법

찜통에 (소금)물을 끓인 후 씻은 꽃을 빨리 쪄낸 다음 약한 불로 팬에서 다시 덖어주는 방법

⑥ 데침 꽃차 제다법

솥에 소금을 넣고 끓인 물에 꽃을 데치듯이 살짝 넣었다 건져낸 다음 찬물에 헹군 후 약한 불로 팬에서 다시 덖어주는 방법

⑦ 발효 꽃차 제다법

깨끗이 씻은 꽃을 물기를 완전히 제거한 후 설탕이나 꿀에 꽃을 겹겹이 재운 뒤 음지에 보관하며 7~15일 후 음용 가능하다.

⑧ 덖음 꽃차 제다법

갓 핀 꽃을 채취하여 세척 후 물기를 제거한 다음 덖음 방법으로 제다한다

⑨ 식용화(食用花, Edible Flower)

식용(食用) 꽃[花], 즉 '먹기 위한 꽃'이라는 의미이며 좁은 의미로는 음식의 맛, 모양, 색과 향기를 돋우기 위해 사용되는 꽃을 말하고 넓은 의미로는 초본성에서 목본성까지의 꽃 중에서 식용이 가능한 꽃을 말한다.

■ 채취 시의 주의할 점은 다음과 같다.

– 반드시 식용 가능한 꽃만 먹는다.

– 화원이나 가로변 등에 있는 재배 과정을 알 수 없는 꽃은 삼가고 식품으로 재배된 안전한 꽃을 먹어야 한다.

– 오전 중에 향기와 영양이 함축되었을 때 수확하고 냉장 보관하며 쓰기 직전 맑은 물에 살짝 씻어 쓴다.

– 꽃가루 알레르기가 있을 수도 있으므로 주의한다.

- 꽃의 식용 방식 : 꽃은 영양의 결정체
  - 제다하여 차로 마신다.
  - 부드러운 꽃 : 샐러드, 비빔밥, 샌드위치
  - 질긴 꽃 : 볶거나 데쳐서 사용
  - 쓴맛, 비린 맛 : 소스에 찍어 먹는다.
  - 요리의 데코레이션
  - 음료로 개발

(2) 제다 도구와 용어 설명

■ 제다 도구

① 도구
- 팬 : 차를 만들때에는 재료의 특성에 따른 적합한 도구를 사용해야 한다. 전기 프라이팬을 사용하는 것은 재료에 따른 온도 조절이 가능하기 때문이다.
- 대나무 채반 : 재료를 다듬고 정리하거나, 건조 과정에 효율적으로 사용할 수 있다.
- 대나무 집게 : 꽃과 꽃잎을 상하지 않도록 하기 위해서 사용한다.
- 한지 : 차 덖을 시 프라이팬에 직접적인 열을 가하지 않게 할 때 사용한다.
- 면 행주 : 재료를 식힐 때, 꽃을 채취해서 놓을 때, 유념할 때에도 사용한다.
- 병 : 덖은 꽃차, 잎차, 뿌리차 등의 완성품을 보관할 때 사용한다.

② 차 용어
- 건차 : 차를 우리기 전 마른 상태로 보존된 찻잎을 말한다.
- 엽저 : 차를 우려 마시고 난 후 촉촉하게 젖어 있는 찻잎을 말한다.
- 수색, 탕색 : 우러난 차의 색을 말한다.
- 포차 : 차를 우리는 행위를 말한다.
- 세차 : 건차에 뜨거운 물을 부어 빠르게 우려낸 후 곧바로 우러난 물을 버리는 것

을 말한다.

③ 차구

- 차호 : 티포트, 차를 우리는 주전자를 말한다. 자사호, 도자기, 유리 등이 있다.
- 개완 : 솥처럼 생긴 찻잔을 말한다.
- 찻잔 : 차를 담아 마시는 작은 잔을 말한다.
- 숙우, 공도배 : 잘 우러난 차를 옮겨 담아놓는 그릇을 말한다.
- 거름망 : 차를 숙우로 우러난 차를 옮겨 담을 때 사용한다.
- 차시 : 차호에서 엽저를 꺼낼 때 사용한다.
- 차칙 : 건차를 꺼낼 때 사용한다
- 차협 : 찻잔을 집을 때 사용하는 집게를 말한다.
- 차엽관(차관) : 찻잎을 보관하는 통을 말한다.
- 차하 : 건차를 덜어놓고 찻잎을 감상할 때 사용한다.

■ 제다 용어

① 위조(Withering) : 수확된 찻잎의 수분을 바람을 이용해서 제거한다. 실내의 온도와 습도를 이용해서 건조시키는 자연 건조 방법과 위조기를 이용한 인공 건조방법이 있다.

② 덖음 : 물이나 기름을 사용하지 않고 살짝 볶는 것을 말하며, 차를 만들 때 덖음을 한다는 것은 한방에서 약을 법제한다는 말과 같다.

③ 살청 : 녹차와 같은 잎차를 제다하는 과정 중에 찻잎을 뜨거운 팬에 덖어 내거나 수증기에 찌는 과정으로 유념의 전단계이다. 그 과정에서 건조 시 고열 처리를 하는 것은 고온의 열로 차에서 색과 향, 맛을 내는 화학 성분을 전환시켜서 독성을 제거하거나, 발효를 억제하는 과정으로 각각의 차에 맞는 특징적인 명품 차를 만드는 기초를 만들게 해준다. 살청은 차를 더욱 맛있게 오랜 시간을 변함없이 즐길 수 있도록 해주는 제다의 중요한 과정이다.

저온 : 50~90도 / 중온 : 90~150도 / 고온 : 150~300도

④ 유념(rolling) : 찻잎을 비비거나 둥글려서 모양을 변형하여 표면의 세포와 조직이 파괴되어 차의 향과 맛의 농도를 조절해 주는 잎차의 공정 과정이다. 차의 맛,

모양, 향기, 색을 결정하는 중요한 역할을 하게 된다.

⑤ 산화발효(oxidation) : 적절한 온도와 습도를 유지하여 찻잎을 발효시키면 그 과정이 차의 맛과 향 등의 품질을 결정하게 된다. 발효차의 제다 과정이다.

⑥ 건조(drying) : 찻잎의 위조, 살청, 유념의 단계를 마친 찻잎의 마지막 제다 과정이다. 차의 맛과 향의 변질을 막기위해 고온 건조 방법을 사용한다.

■ 용어 설명

① 제다(製茶)

차를 만드는 것을 말한다. 녹차의 경우 생 찻잎을 증기로 찌거나 덖거나 하여 열처리를 한 후 비비기, 둥글리기 등으로 식물 세포벽과 막을 파괴하여 유용 성분이 잘 우러나오게 하는 과정을 거치고 다시 열처리를 하여 향과 맛을 내고 마지막 과정으로 건조시켜 저장, 이용에 용이하도록 하는 과정으로 차를 만든다.

② 구중구포(九蒸九曝)

재료를 찌고 말리는 것을 아홉 번 반복하는 것으로서 치료적 효과와 차의 맛과 향을 좋게 하기 위한 방법이다.

③ 법제(法製)

자연에서 채취한 원 생약을 약으로 처리하는 과정으로서 한방에서 자연 상태의 식물이나 동물, 광물 등을 약으로 사용하기 위해 처리하는 과정이다. 부피가 큰 것은 나누고, 단단한 것은 무르게 하며 독성이 있으면 제거하는 등 다양한 방법이 동원된다. 치료 효과를 높이거나 새로운 효과를 내기 위해서 필요하다.

일반적으로 물이나 불을 사용하며 물은 기본적으로 흙이나 이물질을 씻어 내고 재료에 뿌려서 자르기 쉽게 하며, 잘게 부순 재료를 가라앉혀 분리하기도 한다. 또한, 독성을 줄이기도 하고 성질을 완화시키기도 한다. 한편, 불은 재료를 건조시키며 가루로 만들기 쉽게 하고 변형시키기도 한다. 또한, 재료에 다른 물질이 섞이게도 할 수 있다. 물과 불을 한꺼번에 사용하는 경우도 흔하다. 재료를 물에 넣고 불로 가열하여 삶거나 수증기로 찔 수 있다.

④ 유념(揉捻)

제다 과정 중 찻잎을 솥에 덖은 후 손으로 비비거나 둥글게 말기, 두드리는 작업이다.

⑤ 가향(加香)

찻잎에 과일 향이나 꽃향기를 입히는 과정이다.

⑥ 살청(殺靑)

고온으로 가열하거나 증기로 쪄서 찻잎의 산화효소의 활성을 막아주는 것이다.

살청의 청(靑)은 차의 생잎을 의미하고 홍차와 백차를 제외한 차에서 행해지고 있

다. 가열 방법은 굽기, 덖기, 볶기, 찌기 등의 방법이 있다.

⑦ 발효(醱酵)

미생물의 효소 작용에 의해 유기물이 분해되는 현상

⑧ 덖음(Roasting)

식물 자체의 수분으로 찌고 건조하는 과정을 한꺼번에 같이 하는 제다법

⑨ 초벌 덖음(First Roasting)

꽃 자체의 수분을 머금은 상태에서 서서히 덖음과 식힘을 시작한다. 초벌 온도는

봄 꽃은 25~30도, 여름 꽃은 35~40도, 가을 꽃과 겨울 꽃은 40~45도 정도에서 한다.

⑩ 재벌 덖음(Second Roasting)

꽃 자체의 수분이 마르면 온도를 높여 덖음과 식힘을 한다.

⑪ 고온 덖음(High Temperature Roasting)

100도 이상의 고온에서 덖어준다.

⑫ 수분 체크(Moisture Check)

저온에서 팬의 뚜껑을 닫은 뒤 5~10분 정도 후에 맺히는 수분을 확인한다.

⑬ 향 매김, 잠재우기

고온 덖음 후 남아 있는 수분 제거와 깊은 맛과 향을 내기 위해 저온에서 일정 시간

유지시키는 과정(30분~10시간)

⑭ 화색(花色)

꽃잎에 함유되어 있는 색소에 의해 일곱 가지 가시광선 중에서 흡수되지 않고 반사

되어 나오는 광을 눈으로 보여지는 색을 말한다.

16) 꽃차의 평가(評價, Valuation of Flower Tea)

- 형(形, 모양, Shape)
- 향(香, 향기, Aroma)
- 색(色, 색채, Color)
- 맛(味, 맛 , Taste)

17) 차(茶)의 역사

(1) 차(茶)의 이해

① 역사

인류가 처음으로 차나무를 발견해서 만들어서 마셔온 역사는 대략 1만 년이나 된다. 그중에 기록으로서 확인할 수 있는 차의 역사로는 5,000년 정도이다. 그 후로 고고학자들의 연구나 식물학적인 연구를 통해서 확인이 되었다. 차나무들은 자연 속에서 기후와 환경의 변화에 의해서 자연 변종이 되었으며, 변종을 거듭할수록 새로운 특성을 가진 차나무로 진화되어 품질이 우수한 차나무 품종으로 발전을 가져올 수 있었다. 대략 차의 종류는 3,000여 가지에 이르고 현재에도 세계 각국에서 만들어진 차가 약 3,000여 종이된다. 그 가운데 약 80% 정도가 중국에서 생산되고 있다. 우리나라에서는 약 30여 종이 생산되고 있다.

세계 최초로 약용식물에 대하여 기록된 《신농본초경(神農本草徑)》은 차를 포함한 여러 가지 약초들을 직접 체험하여 그 효과를 확인하고 정리해 놓은 《신농본초(神農本草)》에 이어 집대성한 약용식물 서적이다. 여기 《신농본소경》에는 차에 대한 전설이 전해지고 있는데 이것이 '신농설(神農說)'이다.

② 꽃차의 유래

꽃차는 화차라 하기도 하며 녹차, 황차, 백차, 청차, 홍차, 흑차 등 6대 차류의 찻잎과 꽃의 신선한 향기가 어우러져 만들어진 것으로 어떤 차와는 다른 전통차 중에서도 가공차(加工茶)로 분류된다.

(2) 화차(花茶)의 시작

찻잎에 천연의 꽃향기를 배어나게 하여 만든 것이 화차이며, 1000년 전 송나라 때 마셨던 차 중에 향이 나지 않아서 차에 용뇌향(龍腦)을 첨가했던 것이 시작이 되었고, 명나라에 와서 음제화차의 제다법이 보급되면서 꽃을 이용한 화차가 만들어 졌다.

18) 차(茶)의 분류

(1) 채취 시기에 따른 차의 분류

① 봄 차 : 4월 20일경에서 5월 초순 사이에 채취하는 재료로 만든 차로서 차 맛이 부드럽고 감칠맛이 있으며 향도 좋다.

② 여름 차 : 양력 6월 중순에서 하순 사이에 채취하는 재료를 사용하여 만든 차로서 차 맛이 강하다.

③ 가을 차 : 8월 초순에서 중순 사이에 채취한 재료를 사용하여 차의 떫은맛이 강하다.

④ 겨울 차 : 9월 하순에서 10월 초순 사이에 채취한 재료를 사용하여 섬유질이 많아서 모양이 거칠다.

(2) 차의 품질에 따른 분류

① 우전차 : 곡우(4월 20일경) 이전에 채취한 아주 어린 찻잎으로 만든 차이다.

② 세작 : 곡우, 입하(5월 5일경) 전까지 채취한 찻잎으로 만든 차이다.

③ 중작 : 세작 후 재취한 찻잎으로 만든 차이다.

④ 대작 : 중작 후 자란 잎을 채취해서 만든 차이다.

(3) 차의 가공 방법에 따른 분류

① 싱그럽고 깔끔한 - 녹차

세계 최초로 음료로 발명된 차이다. 중국 차의 종류는 거의 1천여 종을 넘는데, 전 세계 차 생산량의 약 60%가 녹차로 제조된다. 제일 큰 특징은 중기로 찌거나 솥으로 덖는 살청(殺靑)을 통해 싱그럽고 은은한 찻잎 특유의 향과 맛, 수색의 투명함이 잘 살려낸 것으로 일본과 중국에서 가장 많이 음용되고 있다. 이전에는 주로 손으로 채엽하여 제조되었으나 최근에는 기계를 이용해 만드는 용정차, 벽라춘을 비롯해 공예품과 같이 섬세한 아름다움을 가진 다양한 차가 각광을 받고 있다.

※ 삼록 : 건잎, 수색, 엽저의 색이 초록이다.

■ 제조 방법

위조(萎凋) → 살청(殺靑) → 유념(揉捻) → 건조(乾燥)

녹차는 기본적으로 찻잎을 채엽하고 열로 찻잎 속의 효소를 파괴한 후 유념하고 건조하는 것으로 산지나 종류, 살청 방법 등 제조 공정이 다양하다. 녹차는 보통 채엽한 찻잎을 바로 살청을 해야만 찻잎 특유의 풋내를 없애고 부드럽고 싱그러운 특유의 향을 잘 살릴 수 있다.

---

② 가공을 적게 하여 천연의 맛이 살아 있는 – 백차

중국 특유의 약발효차로서 푸젠 성에서 주로 제조되며 대백, 수선백 등 소백이라 불리는 싹이 희고 솜털이 많은 종류의 차나무로 만들어진 차이다. 일광에서 위조(萎凋)와 건조를 하여 제조되는 백차는 맑고 투명한 수색과 은은하고 부드러운 꽃 향기와 단맛이 특징이다. 최상품 찻잎은 흰색 털이 뒤덮인 '은침'이라 불리는 새싹(Chip)을 많이 함유하고 있다.

■ 제조 방법

위조(萎凋) → 건조(乾燥)

백차는 초기에는 소백종의 북청차나 수선백 등의 싹이 작은 종류의 차나무를 사용하여 만들었으나, 대백차로 불리는 싹이 큰 차나무를 개발한 이후 현재는 복정 대백차나 정화 대백차와 같은 큰 싹이 특징인 차나무로 백차를 제조한다. 채엽한 찻잎은 큰 대나무로 만든 수절이라 불리는 도구를 사용하여 넓게 펴서 수분을 감소시키기 위해 햇빛과 바람으로 건조하고, 그 후 40~50도 정도 약한 불로 건조하여 제조를 마무리한다. 고급 백차는 백호가 떨어지지 않게 조심해서 제조해야 하며, 채엽이 늦어지면 싹이 퍼져 녹색을 띠므로 주의해야 한다. 백차는

백호은침(白毫銀針), 백모단(白牡丹), 수미(寿眉) 등이 제조되며 솜털 향이 진하고
맛이 상쾌하고 순수하며 단맛이 있어 널리 사랑받고 있다.

③ 맑고 부드러운 맛과 향 - 황차

고대부터 명산지에서 나는 차로 유명하였으나 대부분이 도태되어 일부 종류가 남
아서 현재까지 제조되고 있다. 특히 10대 명차 중 하나로서 '군산은침(群山銀針)'
이라 불리는 후난 성의 황차는 생산량이 적지만 고급품으로 알려져 미국이나 일본
에서도 일부 애호가들을 통해 소비되고 있다. 반면, 종류가 한정되어 중국 내에서
도 잘 알려져 있지 않다. 가벼운 발효 공정을 거친 찻잎은 연한 갈색을 띠며 특유의
맑은 향과 풍미, 노란빛 수색을 가진다

■ 제조 방법

위조(萎凋) → 요청(搖靑) → 살청(殺靑) → 유념(揉捻) → 건조(乾燥)
청차는 고형차나 덖음 녹차의 제조 공정에서 찻잎의 향기가 나오는 것을
발견하고, 발효를 통해 이런 향기가 더욱 극대화되는 것을 알게 되면서 만들어진
차이다.

④ 부드러운 꽃향기와 달콤한 과일 향의 조화 - 청차

명나라(1368~1644년) 말에서 청나라(1636~1912) 초에 발견된 차의 종류로 녹차가
진화하여 만들어졌다. 푸젠 성의 북단 무이산은 당나라(618~907년) 때까지 유명한
차 산지였는데, 이때 제조되던 발효차가 17세기 말 영국에 수출되면서 녹차의 수요
를 앞질러 주요 수출품이 되었다. 당시 무이차(발효차)는 녹차를 뜻하는 'Green
Tea'와 비교해 'Black Tea'라 불리며 19세기 전반 아편전쟁 이후 인도에서 개량된
홍차(Black Tea)가 생기기 전까지 많이 음용되었다. 하지만 지금은 홍차를 의미하
는 'Black Tea'와 구분 짓기 위해 우롱차 혹은 청차라고 불린다. 오늘날 우롱차는
반발효차, 즉 청차의 대명사로서 푸젠 성과 대만에서 특히 유명하다.

■ 제조 방법

위조(萎凋) → 요청(搖靑) → 살청(殺靑) → 유념(揉捻) → 건조(乾燥)

청차는 고형차나 덖음 녹차의 제조 공정에서 찻잎의 향기가 나오는 것을 발견하고, 발효를 통해 이런 향기가 더욱 극대화되는 것을 알게 되면서 만들어진 차이다.

⑤ 검붉은색을 띤 발효차 - 홍차

홍차는 반발효차인 청차와 달리 효소 활동을 촉진시켜 완전 발효시키는 완전발효차다. 홍차의 제조와 홍차 시장의 성장은 중국에 의해 시작되었지만, 20세기에는 인도, 스리랑카, 케냐 등이 주요 홍차 생산국이 되었다. 대만을 포함하는 중국 명지에 생산되는 홍차는 대부분 처음에는 영국으로 수출하기 위해 제작된 홍차이지만, 지금은 안후이 성, 푸젠 성, 윈난 성 등에서 각지의 특성에 맞게 생산되고 있다.

■ 제조 방법

위조(萎凋) → 유념(揉捻) → 발효 → 건조(乾燥)

홍차는 찻잎을 채취한 뒤 수분을 말리는 위조에서 유념을 통해 발효시키는 완전 발효차이다.

⑥ 미생물에 의한 발효 차 - 흑차

흑차는 18세기 청나라 북방 소수민족 위그루족, 티벳족, 몽골족에 의해 만들어지기 시작했다. 현재는 녹차, 우롱차, 홍차 등과 함께 중국의 대표적인 수출품이다. 흑차의 산지는 후난, 후베이(湖北, 호북), 윈난, 쓰촨, 장시(江西, 강서) 등이며 윈난 성이 집산지로 알려진 '보이차'가 특히 유명하다. 옛날에는 자연 발효시켰으나 1970년대 이후에는 곰팡이균을 사용해 악퇴 발효(渥堆醱酵)하는 기술을 개발하여 상업적으로 만들어지고 있다. 특히 최근에는 흑차가 건강과 다이어트에 좋다는 연구 결과가 알려지면서 중국뿐 아니라 전 세계적으로 주목을 받고 있다.

■ 제조 방법

쇄청 녹차 → 약퇴 발효 → 증기로 찜 → 압착 → 건조(乾燥)

고대 제법으로 자연 발효시켜서 만든 근대 제법으로서 대부분의 흙차는 미생물 발효시켜서 유념 건조한 것이다.

19) 차(茶) 테라피

(1) 차의 맛과 향

① 차의 맛을 좌우하는 성분

우리가 마시는 녹차를 비롯한 다양한 종류의 차는 고유의 맛을 지니고 있다. 여기에 영향을 미치는 성분은 다음과 같다.

- 녹차 : 녹차의 쓰고 떫은맛은 카테킨류의 성분 때문이다. 카테킨류 가운데 유리형 카테킨류인 에피갈로카테킨(EGC), 에피카테킨(EC)의 영향으로 떫은맛과 산뜻한 느낌을 함께 주어 쓴맛이 부드러워진다. 또한, 녹차의 단맛과 감칠맛에 영향을 주는 성분은 아미노산류이다. 약 25여 종의 아미노산류 중 약 60% 이상이 데아닌 성분이고, 그 외에 글루타민산, 아스파라긴산, 아르기닌, 세린 등으로 구성된다.

   녹차의 쓴맛은 카페인 성분 때문이다. 사포닌 또한 혀끝을 자극하는 쓴맛과 함께 약간의 감칠맛이 있는데, 품질이 높은 녹차일수록 데아닌 성분과 기타 아미노산의 맛이 느껴지지 않는다. 카페인과 카테킨의 쓰고 떫은맛은 우려내는 시간, 찻잎의 어린 정도, 찻잎을 우려내는 물의 온도에 따라 다르다. 품질이 좋은 녹차일수록 60~70도로 온도를 낮춰 차 우림을 하는 것이 좋다.

- 홍차 : 차의 생잎이 가지는 카테킨류가 발효 과정을 거치며 생성되는 홍차 속의 데아플라빈류와 데아루비긴류는 카테킨 특유의 쓴맛은 적고, 떫은맛을 내는데, 이 맛이 홍차의 산뜻하고 깊은 맛에 영향을 준다. 생 잎에 있던 단백질은 발효에 의해 아미노산으로 변화하고 다당류로 분해되면서 당류가 증가하여 홍차의 부

드러운 맛을 더한다.

차의 향기 성분 연구는 가스 크로마토그래피(Gas Chromatography), 질량 분류계 등으로 측정된다. 홍차에서는 약 300종 이상의 향기 성분이 함유되어 있다. 현재 차의 향기 성분은 단일 물질의 특징이 아니라 다양한 성분들로 구성되어 결정된다. 생 잎에 포함되어 있는 향기 성분의 함량은 1~2% 정도이며 알코올류가 20여 종으로 전체의 80%를 차지하고 알데히드, 케톤, 유기산, 테르펜계 화합물 등 약 200여 종 이상으로 확인된다. 차의 향기는 수확 시기, 품종, 일교차, 재배 방법, 제조 방법 등에 영향을 받는다. 기온이 서늘하고 일교차가 큰 산간 지대에서 생산되는 것이 향기가 좋으며 특히 해발 1,000m 이상의 고산 지대에서 나오는 차는 향기가 좋다. 찻잎에 포함되어 있는 미량의 향기 성분은 대부분 불휘발성 형태로 존재하지만, 찻잎의 채취와 동시에 손상을 받아 효소가 작용하고 지질 성분이 분해되어 향기 성분을 생성한다. 또한, 재배 방법에 따라 차광 재배를 할 경우 파래 향기를 내는 성분이 생성되거나 제조하는 중에 가열을 하면서 구수한 향기가 만들어지기도 한다. 우롱차의 경우 위조(萎凋), 요청(搖靑) 공정에서 꽃과 같은 향기가 만들어진다.

② 차의 맛과 향의 품질 평가를 위한 티 테스팅

찻잎의 주요 성분은 풀향기인 청엽 알코올(靑葉 Alcohol), 헥사놀(Hexanol), 헥세놀(Hexenol), 장미 등의 꽃향기인 제라니올(Geraniol), 페닐에탄올(Phenylethanol), 벤질 알코올(Benzylalcohol) 등과 과일 향인 재스민락톤(Jasminelactone), 데아스피론, 은방울꽃 같이 가볍고 산뜻한 꽃향기인 리나롤(Linalool), 옥사이드(Linalooloxide), 라일락꽃 향인 페닐아세트알데히드(Phenylacetaldehide), 달콤한 초콜릿 향기인 메틸부탄올(Methylbutanol), 가열로 생기는 구수한 향기인 피롤류(Pyrroles), 피라진류(Pirazines) 등이다.

③ 생 잎과 제조된 찻잎의 향기 성분

• 녹차 : 생 잎에서 느껴지는 싱싱한 풀냄새는 감소

되고 어린잎에서 나는 맑은 향, 순하고 부드러운 향기, 김 또는 파래 같은 향이 주를 이룬다.

- 우롱차 : 향으로 마시는 차라고 불릴 만큼 향기 성분이 중요한 차 중 하나이다. 발효도가 낮은 우롱차는 재스민이나 장미 같은 꽃향기와 어린잎의 향기가 잘 조화되어 산뜻하고 우아한 향이 나고, 발효도가 높은 우롱차는 잘 익은 과일의 달콤한 향과 중후한 목질계의 향이 더해져 중후하고 매력적인 향이 난다.

- 홍차 : 생 잎에 있던 휘발성 미량의 성분이 유념과 발효 과정을 거치면서 생 잎에 있던 당과 아미노산, 배당체, 지방산 성분이 분해되며 향기에 영향을 주는 알코올류, 알데히드류, 케톤류가 생성된다(붉은색 향이 진하다). 다즐링 홍차에서는 장미류의 향기 성분인 제라니올, 페닐에틸 알코올 등과 머스캣을 연상시키는 향기 성분이 함유되어 있고, 우바, 딤블라등 스리랑카산 홍차에서는 청량감이 특징인 살리실산메틸, 리나롤, 재스민의 향기 성분으로 알려진 인돌(Indole)이 많이 함유되어 있다. 보디감과 부드러운 풍미가 특징인 아삼 홍차(Assam Tea)에서는 우디(Woody)한 b-요논(b-ionone)과 디하이드로액티니디올리드(Dihydroactinidiolide)가 다량 함유되어 있다.

(2) 꽃차와 색(Flower Tea and Color)

색채에 대한 심리적인 연상이나 느낌은 개인적인 경험, 기억, 사고, 생각 등 개인이 소속된 사회문화적 배경이나 자연환경의 색으로부터 직접적인 영향을 받아서 형성이 된다. 색체의 연상을 자유 연상법으로 조사하여 연상어를 분류해서 정리해 보면 사과나 태양 등과 같은 구체적인 연상과 정열, 화냄 등의 추상적인 연상이 있다. 색(color)은 빨간색을 보면 사과나 태양 등을 연상하게 되고, 파란색을 보면 바다, 하늘을 연상하는 등 색은 어떤 개념을 끌어내는 힘을 가지고 있다.

① 색채의 공감각

- 미각
  - 신맛 : 녹색 느낌의 황색, 황색 느낌의 녹색
  - 단맛 : 빨강 느낌의 주황색
  - 달콤한 맛 : 핑크색
  - 쓴맛 : 진한 청색, 올리브그린
  - 짠맛 : 연녹색과 회색
  - 한색 계열은 쓴맛, 난색 계열은 단맛과 관계된다.

- 후각
  - 톡 쏘는 냄새 : 오랜지색
  - 짙은 냄새 : 녹색
  - 은은한 향기의 냄새 : 연보라
  - 나쁜 냄새 : 어둡고 흐린 난색
  - 짙은 향 : 코코아색, 자색, 라일락색

- 촉각
  - 평활, 광택감 : 고명도, 강한 색채, 밝은 톤
  - 윤택감 : 깊은 톤, 강한 채도
  - 경질감 : 은회색(딱딱하고 찬 느낌) 한색 계열의 회색 기미는 싸늘하고 딱딱함
  - 거친감 : 어두운 회색 톤
  - 유연감 : 난색의 따뜻한 톤
  - 접착감 : 중성 난색, 광택 있는 난색

- 소리
  - 낮은음 : 저명도의 어두운색
  - 표준음 : 스펙트럼순의 등급별 색
  - 높은음 : 고명도, 고채도의 색
  - 예리한음 : 노랑 느낌의 빨강, 에메랄드 그린, 남색

– 탁음 : 회색 계열

② 색의 연상과 상징

- 연상

색에 대한 평소의 경험적 감정과 인식의 정도에 따라 여러 가지 상황을 연상하게
된다. 이런 감정은 생활 양식, 문화적 배경, 지역과 풍토, 나이, 성별 등에 따라 개인
차가 심하다.

- 상징

색의 상징에는 정서적 반응과 사회적 행동 양식이 있다. 색채의 사회적 상징 기능
은 신분, 계급의 구분의 표시, 지역 구분, 수치의 시각화, 기구 또는 건물의 표시, 주
의 표시, 국가, 단체의 상징 등이 있다.

색의 연상과 상징

빨강(R)	자극적, 정열, 흥분, 애정, 위험, 혁명, 피, 더위, 열, 일출, 노을
주황(YR)	기쁨, 원기, 즐거움, 만족, 온화, 건강, 활력, 따뜻함, 풍부, 가을
노랑(Y)	명랑, 환희, 희망, 광명, 팽창, 유쾌, 황금
연두(GY)	위안, 친애, 청순, 젊음, 신선, 생동, 안정, 순진, 자연, 초여름, 잔디
녹색(G)	평화, 상쾌, 희망, 휴식, 안전, 안정, 안식, 평정, 소박
청록(BG)	청결, 냉정, 질투, 이성, 죄, 바다, 찬바람
파랑(B)	젊음, 차가움, 명상, 심원, 냉혹, 추위, 바다
시안(Cyan)	하늘, 우울, 소극, 고독, 투명
남색(PB)	공포, 침울, 냉철, 무한, 신비, 고독, 영원
보라(P)	창조, 우아, 고독, 공포, 신앙, 위엄
자주(RP)	사랑, 애정, 화려, 흥분, 슬픔
마젠타(Magenta)	애정, 창조, 코스모스, 성적, 심리적

흰색	순수, 순결, 신성, 정직, 소박, 청결, 눈
회색	평범, 겸손, 수수, 무기력
검정	허무, 불안, 절망, 정지, 침묵, 암흑, 부정, 죽음, 죄, 밤

색의 치료와 효과

빨강(R)		근원, 기본적인 생존, 건강한 신체
주황(YR)		생식 기능, 관계의 회복, 존재감
노랑(Y)		염증, 신경제, 신경질, 완화제, 피로회복, 방부제, 도로 및 공장의 주의 표시, 금지, 자아 존중감 회복
녹색(G)		용서, 감성적 성숙
파랑(B)		자기표현, 자신감, 진실
남색(PB)		마음의 집중, 직감
보라(P)		영적 개발, 자기실현, 충만한 삶

(3) 미래의 색채에 대한 전망

① 인간 중심의 색 – 감성을 설계, 자극으로 인한 구매 욕구, 색채 치료(color therapy)
② 문화 지향의 색 – 지역, 국가 간의 주도색
③ 디지털 주도의 색
④ 생태학 기반의 색 – 스스로의 생존을 위해 끊임없이 변화하고 새로운 질서를 생성시키는 창조적 시스템

(4) 색채가 인간과 상호 작용

생명 그 자체로 인간의 행위와 심리의 변화를 유발하는 지원성을 갖고 있다. 사물의 이면에 숨겨진 문화적 콘텐츠의 발견을 통해 서로 교감하고 행복을 느낄 수 있다. 계절의 흐름과 함께 섬세한 자연의 색채 변화를 보여준다. 인간이 만든 색이거나, 자연의 색이거나, 모든 색은 변화되어 가며, 그 예로 노란색은 노란색을 잃어가는 자연의 법칙, 특히 자연의 색은 계절과 시간, 장소에 따라 변화되어 간다.

① 차 만들기 실습

■ 금어초 실습

〈만드는 법〉

1. 금어초꽃을 다듬어 깨끗하게 정리한다.

2. 팬에 온도를 F점에 두고 예열한다.

3. 한지 위에 정리된 꽃을 올려놓는다.

4. 꽃잎의 수분이 감소되어 까슬까슬해지면 뒤집어 놓는다.

5. 반복해서 덖음과 수분 날리기를 한다.

6. 꽃잎이 상하지 않도록 주의한다.

7. 팬의 온도를 1단 이상으로 해서 빠르게 고온 덖음을 한다. (한지)

8. 수분 체크를 하고 30분~2시간 정도의 향내기를 해준다.

9. 열기가 식은 후 유리병에 담아 보관한다.

※ 금어초 꽃차는 짙은 노란색의 우림 색이 나타난다.

■ 팬지차 실습

〈만드는 법〉

1. 팬지 꽃의 줄기 부분을 잘라내고 깨끗이 정리해 둔다

2. 꽃잎이 다치지 않게 손질한다.

3. 저온에서 한지를 깔고 꽃잎이 겹쳐지지 않게 잘 펴놓는다.

4. 꽃잎이 까슬까슬해졌을 때 수분 날리기를 해준다.

5. 덖음과 수분 날리기를 반복해서 해준다.

6. 완전히 건조되었을 때 수분 체크를 해준다.

7. 팬의 온도를 1단 이상으로 해서 고온 덖음을 한다.

8. 향내기를 30분 이상 팬의 뚜껑을 덮고 해준다.

9. 열기가 식은 후 유리병에 담아 보관한다.

10. 팬지꽃차는 초록의 우림 색이 나타난다.

■ 비단향무차(스토크) 실습

〈만드는 법〉

1. 꽃을 정리를 한다

2. 팬에 한지를 깔고 꽃을 예쁘게 올려놓고 저온에서 시작한다.

3. 꽃의 수분이 서서히 감소되도록 F점에서 온도를 맞춰가면서 덖음을 한다.

4. 꽃잎이 타지 않게 대나무 집게를 사용하여 뒤집어 주면서 덖음과 수분 날리기를 반복한다. 꽃의 수분이 없어졌다고 생각하며 수분체크를 한다.

5. 팬의 온도를 1단 이상으로 해서 고온 덖음을 한다.

6. 향내기를 30분 이상 팬의 뚜껑을 덮고 해준다.

7. 열기가 식은 후 유리병에 담아 보관한다.

8. 비단향무꽃차는 청보라의 우림색이 나타난다.

〈만드는 법〉

1. 천일홍 꽃의 줄기 부분을 잘라내고 깨끗이 정리해 둔다.

2. 고온에서 예열하여 불이 꺼지면 꽃을 넣고 덖음한다. 불이 다시 들어와서 꺼질 때까지 계속 덖고 불이 꺼지면 조금 더 덖다가 수분 날리기를 한다.

3. 몇 차례 반복 후 완전히 건조가 되면 팬을 완전히 식히고 수분 체크를 한다.(팬의 처음 불 들어 오는 F시점에서 뚜껑을 닫은 채 체크한다.)

4. 팬의 온도를 1단 이상(100도)으로 해서 한지를 깔고 빠르게 고온 덖음을 해준다.(덖음과 식힘 과정을 2번 정도 해준다.)

5. 30분~2시간 정도의 향기를 해준다.

6. 향내기가 끝난 꽃은 열기가 식은 후 유리병에 담아 보관한다.

7. 천일홍 꽃차는 붉은 보라의 우림 색이 나타난다.

※ 처음 고온처리해 주지 않으면 수색이 우러나기 힘들다.

■ 금계국 꽃차 실습

〈만드는 법〉

1. 꽃을 깨끗이 정리한다.

2. 낮은 온도에서 팬에 한지를 깔고 꽃을 엎어서 직화한다.

3. 꽃의 수분이 빠져서 모양이 만들어질 때까지 뒤집지 않는다.

4. 꽃 모양이 잡히면 뒤집어서 열건하고 몇차례 반복한다.

5. 낮은 온도에서 수분 체크를 한다.

6. 향내기로 마무리한다.(향내기를 오래해 주면 향이 진해진다.)

7. 금계꽃차는 짙은 노랑에서 오렌지의 우림 색이 나타난다.

8. 향이 진하므로 냉 음료나 시럽으로 활용된다.

② 휴식을 위한 블렌딩 허브티

이유 없이 초조하거나 기분이 가라앉는 경험은 누구나 할 수 있다.
산뜻한 향의 허브티로 기분 전환을 해보자.

오렌지 반 스푼 + 페퍼민트 한 스푼 + 레몬그라스 한 스푼

불안이나 긴장을 완화하고 활력을 전해주는 달콤한 과일 향의 오렌지와 시원한 향
의 페퍼민트는 마음과 몸에 생기를 불어넣는다.
기분전환 효과가 뛰어난 레몬그라스의 향기는 마음을 차분하게 하여 찻잔에서 느
껴지는 향을 흡입하면 마음이 시원하게 뚫리는 기분을 선사한다.

• 블렌딩의 특징 : 우림색은 노란색을 띠며 쓴맛과 약간의 쌉쌀한 향을 낸다.

③ 힐링 블렌딩 허브티(Healing blending herbal teas)

〈증상별〉

(단위 : 티스푼)

① 신진대사

히비스커스 1 + 레몬그라스 2 + 로즈마리 1

신진대사 기능이 저하되면 체내에 지방이 쌓이기 쉽고 불필요한 수분이나 노폐물이 원인이 되어서 냉증, 피부 염증 등의 질환을 유발한다.

- 블렌딩의 특징 : 우림색은 붉은색 계열
- 맛 : 약초 맛(弱), 신맛(强)
- 향 : 풋풋한 향(强), 시트러스 향(弱)

② 지방 분해

시나몬 1/2 + 생강 1/2 + 마테 2

몸을 따뜻하게 해주므로 지방 분해를 활성화시킨다. 시나몬과 생강을 사용하였고, 시나몬과 마테는 지방 분해하는 기능이 있어 체중 감량의 효과를 준다.

- 블렌딩의 특징 : 우림색은 노란색 계열
- 맛 : 쓴맛(弱), 약초 맛(强)
- 향 : 쓴 향(强), 스파이시한 향(强), 풋풋한 향(弱)

③ 변비

코리안더 씨 1/2 + 민들레 뿌리 1/2 + 펜넬 1

펜넬과 코리안더 씨는 장내에 쌓인 가스를 배출해 주는 구풍 작용과 소화 촉진 작
용으로 속을 편안하게 해준다. 민들레 뿌리의 쓴맛에는 소화를 촉진하는 성분 외에
도 담즙 분비를 촉진하여 지방의 소화 흡수를 돕고 변비 개선을 도와준다.

- 블렌딩의 특징 : 우림색은 갈색 계열
- 맛 : 고소한 맛(强), 약초 맛(弱)
- 향 : 쓴 향(弱), 스파이시한 향(强), 민트 향(弱)

④ 배가 아플 때

페퍼민트 잎 1g + 레몬밤 잎 1g을 차호에 넣고 끓는 물을 부은 후 5분 우림해서 마
신다.

⑤ 걱정

레몬밤 잎 1g + 오렌지민트 1g을 큰 차호에 넣고 2컵의 끓는 물을 부은 후 3~4분 우
림해서 마신다. 꿀이나 레몬을 넣으면 향긋한 향을 느낄 수 있다.

⑥ 생리통

클로브 꽃차를 차호에 넣고 2컵의 끓는 물을 부은 후 5분 우림 후 천천히 조금씩 마
신다. 차를 마시는 동안 핫팩을 준비해서 배 위에 올려 놓으면, 십부의 온도가 따뜻
해져서 몸이 가벼워짐을 느낄 수 있다.

⑦ 기분 전환

금잔화 꽃차 1g + 양박하 잎 1g 함께 넣고 1컵의 끓는 물을 부은 후 레몬즙을 약간
짜서 넣고 2분 우림해서 뜨겁게 마신다. 설탕이나 꿀을 첨가해도 좋다.

⑧ 긴장 이완

계피스틱, 로즈마리차, 클로브을 차호에 넣고 1 : 1 : 1 비율로 2분 우림 후 조금씩 천천히 마신다. 신선한 과일 한 조각과 함께 마시면 하루의 근심과 걱정이 다 사라진다.

⑨ 수면장애

캐모마일 꽃 1g + 라벤더 1g을 큰 차호에 넣고 끓는 물을 부은 후 2분 정도 우림 후 뜨거울 때 마신다.

⑩ 자신감

• 페퍼민트 차 : 하루 1~2잔의 페퍼민트차의 멘톨 성분이 우리 인체의 중추신경계를 진정시키는 역할을한다. 생 민트 잎이나 건조 잎을 이용하여 차를 우림한다. 약간의 꿀이나 우유를 가미해서 마셔도 좋다. 클래식 음악과 라벤더 향의 초와 함께 휴식의 시간은 자아 존중감의 고취와 긍정적 생각을 증진시켜 준다.

• 레몬밤 차 : 매일 3잔의 레몬밤 티를 마시면 사회적 근심과 스트레스가 완화되며 자신감이 더해진다.

신선한 공기와 햇빛 아래서의 가벼운 산책은 혈액 속의 마그네슘의 농도를 증가시켜서 적당한 자신감의 원동력을 제공한다.

• 생강차 : 생강 2조각 + 오렌지 민트 1g + 오렌지 슬라이스 2조각을 큰 차호에 넣고 끓는 물을 부은 후 뜨거울 때 우림해서 마신다. 특히 눈 내리는 오후에 마시면 기분이 좋아진다.

2. 펫 테라피(Pet therapy)

아로마테라피는 오랫동안 사람들에게 선택된 에센셜 오일을 사용해서 육체적, 심리적 힐링을 위한 커다란 영역으로 사용되어 왔다.

우리들 반려동물들의 건강을 위해서 에센셜 오일을 이용한 아로마 펫 테라피를 알아보자.

이미 에센셜 오일은 가정에서 일반적으로 사용하고 있다. 아로마 펫 테라피는 사랑하는 애완동물의 신체적 증상의 완화 작용과 심리적 안정 효과를 통해서 편안한 생활을 할 수 있는 환경을 만들어 주는 것이고 동물병원에 가는 비용을 절감해 준다. 가족에게 적용하는 방법과 비슷하게 적용하면 된다. 에센셜 오일을 희석하는 비율은 어린이에게 적용하는 성인의 1/2% 로 적용한다.

동물들에게 에센셜 오일을 사용하기 전에 반드시 알레르기 여부 및 건강 상태를 체크해야 한다. 개를 위한 아로마테라피는 부위별 찍어 발라 주는 방법과 피부와 발바닥에 에센셜 오일을 도포한 후 가볍게 마사지법으로 적용한다.

흡입법으로는 분무기나 디퓨저를 사용해서 아로마 향을 공기 중에 분무한다. 고양이는 매우 민감한 신진대사 시스템과 내장 기관을 가지고 있으므로 아로마테라피 적용이 제한적이다.

1) 고양이(Cats)

고양이는 우리가 잠자는 시간에도 놀고 싶어한다. 늦은 밤에 고양이들이 노는 소리에 잠을 못 이룬다면 2방울의 라벤더 오일을 고양이 목 주변 털에 발라주면 잠시후 고양이들은 얌전해 지고 우리는 깊은 잠에 빠질 수 있게 된다. 그 후로는 에센셜 오일을 직접 발라주지 않아도 가정에서 라벤더 향이 나면 고양이는 얌전해진다.

로즈마리나 페퍼민트와 같이 잎에서 추출한 에센셜 오일은 발라주면 고양이는 달팽이처럼 늘어져서 쭉 뻗고 온종일 누워 있을 것이다. 긴장, 이완 작용을 하기 때문이다.

고양이의 상처에는 사람의 상처 치유에 사용하는 에센셜 오일을 적용하면 된다. 라벤더는 자극을 가라앉히고 진정 작용 효과를 주며, 티트리는 감염을 막아주고 소독 효과를 주므로 실내에 티트리 발향을 하거나 스프레이로 분사해 준다.

고양이는 발톱이 자라는 것을 막기 위해 벽이나 가구를 긁어서 상처를 낸다. 그때는 작은 스트레치판에 발레리안(valerian) 에센셜 오일을 2~3방울 떨어뜨려서 만들어 주면, 고양이가 잘 가지고 노는 캣닢(catnip) 향이 나는 장난감처럼 좋아한다.

고양이가 기침을 하거나 기관지염에 걸렸을 때는 유칼립투스나 카제풋을 5방울 케리어 오일과 블렌딩해서 가슴이나 등을 마사지해주면 훨씬 숨쉬기가 편해진다. 또한, 여러 가지로 스트레스를 받았을 때는 라벤더나 마조람, 네롤리 향을 적용하면 편안해진다.

〈벼룩〉 티트리 2 + 시토로넬라 3 + 타임 2 + 라벤더 3 + 칼릭캡슐 1

2) 개(Dogs)

반려견들은 2억 개의 후각 수용체를 가지고 있어서 인간보다 20배의 냄새를 구별할 수 있는 능력이 있다는 것을 기억하기 바란다.

에센셜 오일은 반려견의 심리적 불안, 공포와 털에 있을 진드기나 기생충으로부터 보호해 준다. 이러한 경우에는 1방울의 레몬그라스 또는 시트로넬라 오일을 샴푸에 섞어서 사용하면 쉽게 문제를 해결할 수 있다.

만약 덩치가 큰 반려견이라면 2방울을 사용한다. 대부분의 개들은 천연 아로마 향을 좋아하고, 펫 테라피 후 좋은 냄새를 풍겨준다.

벼룩이나 기생충이 있을 경우에는 150ml의 물에 4방울의 시더우드 혹은 4방울 파인을 섞어서 철제 브러시를 적셔가며 3~4차례 정도 빗어준다. 만약에 기생충이나 벼룩 알이 심각하다고 생각되면 4방울의 시더우드나 4방울의 라벤더를 직접 빗에 바르고 빗질을 해준다. 몇 차례 빗질을 한 후 아무것도 넣지 않은 따뜻한 물에 빗을 적셔가면서 헹구어 낸다.

상처가 있는 곳에는 대야에 물을 반쯤 채우고 타임이나 라벤더 6방울을 넣고 저어준 다음 그 물로 상처 부위를 닦아준다. 이러한 에센셜 오일은 항균, 항박테리아 효과로 상처의 염증을 방지하고 소독을 해준다. 개들이 상처 부위를 핥을 수 있으므로 다른 것은 넣지 않도록 한다. 특히 동물들은 상처 부위를 스스로 관리할 수 없으므로 감염이 되지 않도록 상처 부위를 소독하고 짧은 시간 안에 치료가 될 수 있도록 직접 에센셜 오일을 바른 후 파스나 밴드 처리를 해준다.

개, 고양이, 말, 오리, 양 등이 상처가 났다면 바로 150ml 따뜻한 물에 4방울의 라벤더 에센셜 오일을 희석해서 상처 부위를 닦아주면 쉬운 방법으로 최상의 효과를 얻을 수 있는 방법이다.

감기, 기침, 독감에 유용한 에센셜 오일은 니아울리, 티트리, 유칼립투스를 오일이나 물과 희석해서 가슴 부위나 마사지해주고 희석한 용액으로 반려견의 주변 및 집기 등을 닦아내서 살균 작용을 더해 준다.

에센셜 오일을 사용하지 말아야 하는 동물
- 물고기
- 새
- 설치류(쥐)와 작은 포유루(햄스터, 토끼 등)

동물을 위한 홀리스틱 적용법
흡입법, 디퓨저, 혈점오일, 마사지법, 목욕법

금기사항
– 어린이 손이 닿지 않는 곳에 보관한다. – 내복하지 않는다. – 동물들이 에센셜 오일을 도포한 부위를 핥았을 때 반응을 살핀다. – 부작용, 알러지 반응을 나타내면 찬 수건, 순한 비누로 닦는다. – 눈 주위는 피한다. – 필요한 경우에는 동물병원으로 데리고 간다.

3. 에어본 테라피(Airborn Therapy)

우리는 많은 시간을 가정과 직장에서 보내고 있다. 신선한 공기가 건강을 위해서 가져다 주는 유익함은 몇 번을 강조해도 무리가 아니다. 오염된 공기 정화를 위한 테라피를 알아보자.

아로마 에센셜 오일 미스트로 룸 스프레이를 만들어서 가정과 직장에서 쾌적한 시간을 보내기로 하자. 아래의 재료를 스프레이 통에 담아 섞어준다.(사용 전에 흔들어서 스프레이 한다.)

사용 방법
스프레이 통(프라스틱 또는 유리병) 100ml 유화제(물과 오일이 섞이게 하기 위해서) 60방울 에센셜 오일(선택) 60방울 정제수 또는 생수

아침 (에너지 공급)	저녁 (휴식)
– 그레이프후룻 5방울 – 레몬 2방울 – 메이창 3방울 – 정제수 20ml	– 제라늄 2방울 – 오렌지 4방울 – 로즈우드 4방울 – 정제수 20ml

    좋은 향이 나는 장소에서 일의 능률이 높았으며, 완성도와 만족도 역시 높게 평가되었다. 일본에서는 이미 향기 마케팅이 각광을 받았으며 향기나는 페인트와 향에 따른 소리와 색이 적용되는 감각 엔지니어링과 같은 콘셉트가 유행을 하게 된 이유는 좋은 향을 맡는 것이 삶의 질을 향상시켜 주기 때문이다. 오렌지-클로브는 소화불량에, 바닐라 향은 분노, 시더우드는 피로와 스트레스에 적용되었다. 어느 음반 회사는 에센셜 오일의 향에 따른 크리스마스 나무, 바다의 보물, 장미, 영국의 정원 등의 이름으로 40개의 디스크를 제작하기도 했다.

    훗날 우리는 뮤직비디오를 통해서 향기를 맡을 수 있고 컴퓨터를 통해서 주문한 피자의 냄새를 맡을 수 있게 될 것이다.

1. 두뇌 사고 유형의 이해

고객의 성격과 두뇌 사고 유형은 밀접한 관련이 있다. 조금 더 과학적이고 합리적인 상담을 하기 위해서는 고객의 생리적인 특성과 두뇌 사고 유형을 이해하면, 고객 만족도와 효과가 커지므로 관리실의 매출을 올릴 수 있게 된다. 우선, 상담자의 두뇌 사고 유형을 이해하고 난 뒤 고객의 두뇌 사고 유형을 이해하기로 한다.

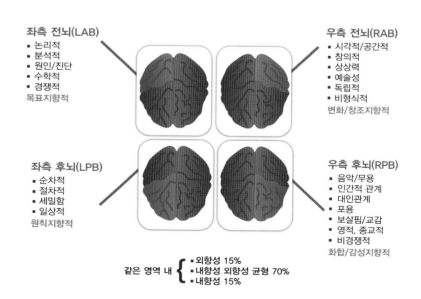

좌측 전뇌(LAB)
- 논리적
- 분석적
- 원인/진단
- 수학적
- 경쟁적
목표지향적

우측 전뇌(RAB)
- 시각적/공간적
- 창의적
- 상상력
- 예술성
- 독립적
- 비형식적
변화/창조지향적

좌측 후뇌(LPB)
- 순차적
- 절차적
- 세밀함
- 일상적
원칙지향적

우측 후뇌(RPB)
- 음악/무용
- 인간적 관계
- 대인관계
- 포용
- 보살핌/교감
- 영적, 종교적
- 비경쟁적
화합/감성지향적

같은 영역 내 {
- 외향성 15%
- 내향성 외향성 균형 70%
- 내향성 15%

1) 좌측 후뇌

뇌의 좌측 하단인 좌측 후뇌(Left Posterior Brain : LPB)의 기본적인 기능은 일상 (Routines)의 반복되는 일들을 순차적, 절차적으로 정확하게 반복할 수 있다. 이 영역을 두뇌 우성으로 타고난 사람들은 질서정연하고 정확하며, 시간을 잘 지키고 늘상 반복되는 일을 지루해하지 않고 잘해낸다. 일상(Routines)이라는 말은 매일 반복되는 일을 말하는데 예를 들어, 아침에 제시간에 일어나서 세수하고, 아침 식사를 하고, 가방을 챙겨서 학교에 가는 것과 같이 당연히 해야 되는 일들이다. 그러나 이와 같은 당연히 해야 하는 일들도 반복하기를 싫어하고, 시간에 구속당하기를 싫어하는 두뇌 영역을 타고난(특히 대각선 쪽의 우측 전뇌) 사람에게는 매우 힘들게 느껴지는 일들이다. 좌측 후뇌의 기능은 세상을 살아가는데 변하지 않고 지속되어야 하는 기초적인 기능에 해당되는 일들이다.

2) 좌측 전뇌

좌측 상단인 좌측 전뇌(Left Anterior Brain : LAB)를 두뇌 우성으로 타고난 사람들은 논리적이고, 분석적이며, 데이터를 활용하여 기획을 잘하고, 수학을 잘하며, 기계를 좋아하고, 토론을 잘하고, 남들을 이기기 위한 경쟁심이 강하다. 언어 중심의 정량적인 평가를 요구하는 현행 교육제도에 가장 유리한 사람들이다. 이들은 목표가 뚜렷하고, 시간 낭비가 적으며, 환경을 자신이 유리한 쪽으로 끌고 가려는 경향이 있어 남들에게는 이기적으로 보일 수도 있다.

3) 우측 후뇌

우측 하단인 우측 후뇌(Right Posterior : RPB)의 기본적인 기능은 사람과 화합하는 하모니(Harmony)이다. 따라서 우측 후뇌를 두뇌 우성으로 타고난 사람들은 남들의 감정 상태에 대해서 매우 민감하다. 항상 타인의 생각에 대해 관심을 가지고, 화합을 중시하고, 남을 돌보고 배려하며, 객관성보다는 느낌을 중요시 한다. 남들과 얘기하고,

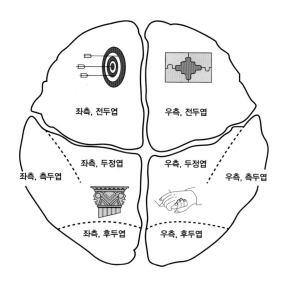

터치하는 것을 좋아하며, 자신의 느낌을 상호전달하고, 대인관계에 있어 인간적인 것을 중시한다.

4) 우측 전뇌

우측 상단인 우측 전뇌(Right Anterior Brain : RAB)의 기능은 시각적, 공간적이고 변화가 필요할 때 변화해줄 수 있는 기능이다. 우측 전뇌를 두뇌 우성으로 타고난 사람들은 상호간의 연관성 속에서 보이지 않는 원리를 발견하거나, 이미 있는 것을 합성하여 새로운 것을 창조할 수 있는 능력이 있고, 사물이나 세상을 동시적, 직관적, 통찰적으로 볼수 있는 능력이 있다. 따라서 창의적이며, 예술성이 강화고 호기심이 매우 높은 성향을 가졌다.

4가지 사고 유형 중 서로 대각선 방향에 있는 영역끼리는 반대의 성격을 가지고 있다. 예를 들어 좌측 후뇌가 두뇌 우성으로 타고난 사람들은 철저하고 일상적으로 반복되는 일을 잘하고 시간을 잘 지키는 반면, 대각선에 있는 우측 전뇌의 기능에 해당되는 변화와 융통성, 창의성이 부족하다. 반대로 대각선에 있는 우측 전뇌는 변화에 능하고 창의성과 아이디어가 풍부한 반면, 시간을 지키고 일상적으로 반복할 수 있는 능력이 부족하다.

논리적이고 분석적인 좌측 전뇌를 타고난 사람들은 우측 후뇌의 기능인 인간미가 부족하고, 개인적인 일에 관여하기를 싫어한다. 반대로, 대각선 영역인 우측 후뇌는 사람에 대한 관심과 배려가 풍부한 반면 객관성이나 논리성이 부족하고 경쟁하기를 싫어하며 기획력이 부족하다.

좌측 후뇌와 좌측 전뇌형의 사고 특징은 시간적, 절차적이며 논리적이고 형식을 중요시하는 반면 우측 후뇌와 우측 전뇌형은 사고 특징이 무작위적이며 형식은 별 의미가 없다고 보는 경향이 있어, 시간을 지키거나 형식에 얽매이는 것을 싫어하는 경향이 있다.

2.4가지 사고 유형 연구의 역사적 배경

1920년대 말, 인간의 두뇌가 4가지 두뇌 영역으로 나뉘어 졌다는 게 밝혀졌다. 4가지 감각의 영역의 기능이 다르며, 사람은 그중 한 가지 영역을 두뇌 우성으로 타고나고, 자신이 타고난 두뇌 우성의 반대로 살게 되면(Reverse Type) 탈진하게 되어 정신적으로 문제가 생길 확률이 높으며, 자신의 두뇌 우성을 변경하여 다른 영역을 키운 사람을 Falsification Type이라고 명명하고, 자신의 두뇌 우성을 개발하며 살아야 건강한 삶을 살 수 있다고 최초로 가설을 세운 사람은 정신분석가인 칼 구스타프 융이다. 융이 이러한 가설을 세운 이래 최근 들어 두뇌과학이 발달하면서 이를 과학적으로 연구하여 융의 가설이 대부분 일치하는 것을 입증하였는데, 현존하는 대표적인 사람은 스탠포드 대학의 신경외과 의사인 칼 프리브람이다. 최근 두뇌 우성과 비우성 간의 전기저항 연구를 한 리차드 헤이어, 같은 두뇌 영역 내에서도 내향성과 외향성의 비율이 다르게 존재한다는 것을 연구하여 입증한 한스 아이젠크 등이 대표적이다.

 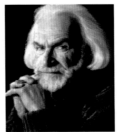  

Carl Gustav Jung   Karl Pribram   Richard Haier   Hans Eysenck

뇌의 영역

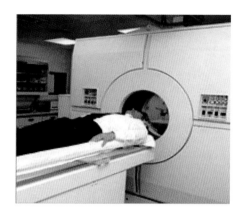
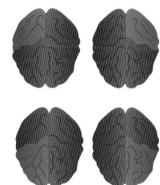

4가지 사고 유형의 상호관계

경쟁, 리더, 기획
이기는 것이 목표
(감성적인 우측 후뇌와
반대)

변화, 혁신, 창조
(고정된 것을 싫어함 :
좌측 후뇌와 반대)

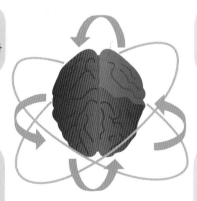

보수적, 전통적,
사회를 유지하고
보존하는 기능
(변화를 싫어함 :
우측 전뇌와 반대)

사회의 조화, 화합,
보살핌, 관심, 공감,
인간성 추구
(냉정한 좌측 전뇌와
반대)

4가지 사고 영역 간의 전기 흐름

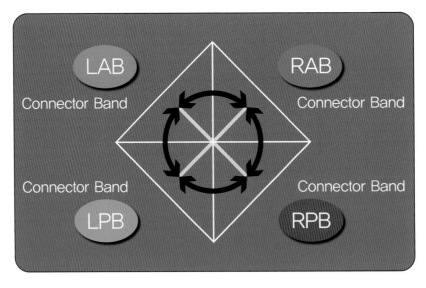

- 각 영역의 바로 옆 영역 간에는 전기 흐름이 있음
- 대각선끼리는 전기 흐름이 부족하여 전기저항이 100배의 차이가 날 수 있음
  (대각선이 가장 취약한 비우성 모드)

출처 : HB 브레인 연구소

3. 두뇌 사고 유형에 따른 상담법

1) 좌측 전뇌(LAB) 유형의 사람 특징

(1) 의사결정을 신속히 처리한다.

(2) 권위에 대한 소유욕이 강하다.

(3) 자신이 완벽하게 이해가 되어야 인정한다.

2) 좌측 전뇌(LAB) 유형의 고객과 상담할 경우

(1) 충분한 자료를 준비하고 상담한다.

(2) 감성적인 표현보다는 이론적 근거를 가지고 설명을 한다.

(3) 요점을 말한다.

(4) 사적인 이야기는 하지 않는다.

3) 좌측 후뇌(LPB) 유형의 사람의 특징

(1) 일관성과 신뢰도를 가장 중요시한다.

(2) 변화와 새로운 것에 대한 거부감이 크다.

(3) 시간관념을 중시한다.

(4) 절차 매뉴얼이나 복장 규칙 등을 포함한 모든 규칙을 기대한다.

(5) 결정하는 데에 오랜 시간이 걸린다.

(6) 방법에 대한 정보나 절차를 설명 듣는 것을 중시한다.

(7) 결과를 점검한다.

4) 좌측 후뇌(LPB) 유형의 고객과 상담할 경우

(1) 시간 엄수와 청결, 그리고 매사에 '적절한' 선을 유지할 것

(2) 다음 방문 시기 날짜와 시간을 예약한다.

(3) 관리 방법, 제품에 대한 설명 등을 사전에 준비해서 설명해 드린다.

(4) 말을 천천히 한다.

(5) 신제품이나 새로운 메뉴를 설명할 때는 임상사례, 연구자료, 인정서 등에 대한
정보를 첨부한다. 가능한 한 많은 보완 자료를 첨부한다.

(6) 반드시 규칙(메뉴얼)을 따른다.

(7) 세부사항에 유념하라. 이러한 고객에게는 방법이 결과만큼 중요하다.

5) 우측 전뇌(RAB) 유형의 사람의 특징

(1) 자발적인 것을 좋아한다.

(2) 규칙과 시간을 잘 지키고 보수적, 전통적이다.

(3) 창의력과 좋은 아이디어를 높이 평가한다.

(4) 변화를 즐긴다.

(5) 명백하고 실제적인 것을 선호한다.

6) 우측 전뇌(RAB) 유형의 고객과 상담할 경우

(1) 설명은 부드러운 분위기에서 한다.

(2) 말하는 속도는 빠르고 명쾌하게 한다.

(3) 전문가임을 강조하고 최고의 것을 설명 하고 있다는 것을 알린다.

(4) 비젼, 시각, 기대효과 등과 같은 단어를 사용한다.

(5) 보상(좋은 결과)을 명확히 한다.

7) 우측 후뇌(RPB) 유형의 사람의 특징

(1) 즐거운 가족처럼 되기를 원한다.

(2) 사람들이 싫어하는 결정은 회피하는 경향이 있다.

(3) 말하기를 좋아하고 어울리기를 좋아한다.

(4) 인간관계를 중요시하고 사람들과 정을 돈독히 한다.

(5) 객관성보다는 감성적이고 느낌을 중시한다.

8) 우측 후뇌(RPB) 유형의 고객과 상담할 경우

(1) 말할 때 고객의 눈을 본다.

(2) 우측 후뇌(RPB) 유형들에게는 느낌이 사실보다 더 중요하다.

(3) 원장이나 관리사의 전문성을 강조한다.

(4) 전문 제품에 대한 효과나 결과 등에 대한 자부심을 표현한다.

(5) 제품 판매, 새로운 티케팅을 할 경우에는 고객의 기분을 파악하고 칭찬을 아끼
지 않는다

(6) 적극적으로 열성을 보인다.

9) 두뇌 사고 유형에 따른 아로마테라피

두뇌 사고 유형에 따라서도 아로마테라피의 적용 방법과 반응이 다르다.

관리 후의 반응 : 성격적 유형에 따라 감정적, 논리적 반응이 잘 나타난다.

예) 좌측 전뇌 : 흡입법, 마사지법

　　좌측 후뇌 : 습포법, 마사지법

　　우측 전뇌 : 목욕법, 마사지법, 발향법

　　우측 후뇌 : 흡입법, 마사지법, 스프레이법, 목욕법

11

Practical use Aromatherapy

미용 아로마테라피

1. 아로마테라피와 스킨케어

피부를 위한 특정 에센셜 오일 사용은 현재의 피부 유형과 신체적 컨디션에 따라 다르다.

건성, 민감성, 지성 그리고 노화피부. 에센셜 오일을 사용하기 전 알레르기 테스트를 권한다. 작은 양의 준비된 에센셜 오일을 팔 안쪽이나 귀 뒤쪽에 문질러 보고 24시간 후에 반응을 확인해 본다.

1) 건성

건성피부는 진피의 피지선과 한선의 기능의 불균형으로 수분과 유분의 부족한 피부이다. 건성피부는 민감한 편이어서 민감성피부에 사용하는 오일이 유용하다.

2) 민감성

민감성피부는 극도로 열, 한기, 화장품 때로는 마사지에도 민감한 반응을 보인다. 어떤 종류의 에센셜 오일을 사용하더라도 민감성피부에는 알레르기 테스트를 권한다. 약한 농도로 블렌딩을 해서 사용하기를 권한다.

3) 지성피부

건성피부와는 반대로 지성피부는 피지분비가 과다하여 피지선의 기능을 조절하는 에센셜 오일을 사용한다. 심한 경우에는 지성피부가 여드름을 동반할 수도 있다.

2. 스킨케어를 위한 블렌딩 실습

1) 건성피부

저먼 캐모마일, 로만 캐모마일, 재스민, 네롤리, 로즈오토, 로즈엡솔루트, 제라늄, 팔마로사, 라벤더, 샌달우드, 일랑일랑, 프랑킨센스, 미르

Face 20ml	Body & Shampoo 30ml
라벤더 4방울, 샌달우드 1방울	라벤더 6방울, 로만 캐모마일 3방울, 샌달우드 2방울
라벤더 4방울, 로만 캐모마일 1방울	오렌지 4, 라벤더 6, 로만 캐모마일 1
재스민 1방울, 저먼 캐모마일 1방울	버가못 1, 라벤더 3, 일랑일랑 1, 팔마로사 1

실습 :

2) 지성피부

버가못, 멜리사, 사이프러스, 라벤더, 레몬, 라임, 제라늄, 주니퍼베리, 페티그레인, 팔마로사, 레몬그라스, 메이창, 티트리, 샌달우드

Face 20ml	Body & Shampoo 30ml
라벤더 2, 제라늄 1, 주니퍼베리 1	라벤더 6, 제라늄 2, 주니퍼베리 2,
오렌지 2, 멜리사 1, 일랑일랑 1	오렌지 6, 페티그레인 2, 일랑일랑 1, 재스민 1
버가못 2, 주니퍼베리 1, 티트리 1	레몬 3, 그레이프후룻 3, 제라늄 3, 주니퍼베리 2

실습 :

3) 정상피부

저먼 캐모마일, 제라늄, 라벤더, 로즈, 네롤리, 팔마로사, 로즈우드, 패촐리, 일랑일랑

Face 20ml	Body & Shampoo 30ml
오렌지 2, 로즈 1, 일랑일랑 1	라벤더 6, 텐저린 2, 제라늄 1, 일랑일랑 1
라벤더 2, 네롤리 1, 페티그레인 1	오렌지 8, 재스민 2, 일랑일랑 2
샌달우드 2, 로즈 1, 재스민 1	라벤더 6, 로즈마리 3, 페퍼민트 1

실습 :

4) 복합성피부

제라늄, 팔마로사, 멜리사, 샌달우드, 라벤더, 네롤리, 페티그레인, 재스민, 로즈, 일랑일랑

Face 20ml	Body & Shampoo 30ml
라벤더 2, 제라늄 1, 일랑일랑 1	라벤더 4, 멜리사 2, 페티그레인 4
라벤더 2, 팔마로사 1, 로즈 1	오렌지 4, 버가못 3, 페티그레인 2, 팔마로사
멜리사 1, 라벤더 2, 샌달우드 1	샌달우드 5, 로즈 1, 재스민 1

실습 :

5) 민감성피부

재스민, 네롤리, 에버라스팅, 라벤더, 야로우, 저먼 캐모마일, 로만 캐모마일

Face 20ml	Body & Shampoo 30ml
라벤더 3, 로만 캐모마일 1	라벤더 6, 로만 캐모마일 2, 샌달우드 1
네롤리 1, 라벤더 2, 저먼 캐모마일 1	라벤더 6, 재스민 1, 로만 캐모마일 1
라벤더 2, 프랑킨센스 1, 샌달우드 1	라벤더 6, 저먼 캐모마일 2, 버가못 2

실습 :

6) 노화피부

재스민, 라벤더, 네롤리, 로즈오토, 로즈엡솔루트, 샌달우드, 케롯시드, 에버라스팅, 프랑킨센스, 로즈우드, 미르, 프랑킨센스

Face 20ml	Body & Shampoo 30ml
로즈 1, 프랑킨센스 2	라벤더 6, 로즈 2, 프랑킨센스 2
네롤리 2, 일랑일랑 1	라벤더 7, 로즈 2, 미르 1
로즈 2, 샌달우드 1, 프랑킨센스 1	라벤더 6, 로즈 2, 프랑킨센스 2

실습 :

3. 헤어 케어

1) 모발 및 두피

윤기 있고 건강한 모발은 우리에게 아름다움 이상의 것을 선사한다. 우리는 가끔 자신의 라이프스타일과 감정의 변화가 있을 때 머리 모양을 바꾸는 것은 자신의 이미지 변신에 영향을 미친다.

현재 유행하는 패션 스타일이 무엇이든 상관없이 건강하고 아름다운 모발은 중요하다. 약리학적 성분을 가진 식물들을 이용해서 건성모발, 지성모발, 탈모 등을 관리해 보자.

모발 건강에 영향을 미치는 요인으로는 호르몬의 불균형, 올바르지 못한 다이어트, 생활습관, 스트레스 등이다. 현대에 이르러서는 환경 오염, 바쁜 생활에서 오는 만성질환, 파마약, 드라이 등이 손상 모발을 만들게 된다. 아로마 에센셜 오일을 이용한 트리트먼트로 윤기 있고 건강한 모발을 회복시키고 올바른 다이어트 방법과 자신의 모발에 필요한 제품을 선택하는 방법 등도 선택해야 한다.

(1) 정상모발

일단 건강한 모발이라고 생각할 수 있으므로 손상이 되지 않도록 주의해서 모발의 영양과 보습에 신경을 써야 한다. 제품의 구입 시에도 PH와 제품의 성분이 적절한가를 살펴보아야 한다.

머리를 말릴 때에는 빗살이 성근 브러시에 1방울 로즈마리를 손바닥에 떨어뜨려서 브러시에 바른 후 두피에서 머리끝까지 빗질해 주면 부드럽고 윤기 있는 모발을 만들어준다. 많은 양의 에센셜 오일을 사용하면 모발이 건조해질 수 있으므로 주의한다.

(2) 건성모발

건성모발과 건성 두피는 같은 환경에서 만들어진다. 모발이 건조해지면 케라틴 단백질이 모발을 손상시킨다. 두피 역시도 피지선의 기능이 저하되고 수분 공급이 원활하지 않아 건성모발과 건성 두피가 되는 이유이다. 이럴 때에는 보리지 오일이나 달맞이유 혹은 감마리놀렌산이 함유된 식물성 오일 등을 사용해서 두피 마사지나 모발에 가볍게 발라준다. 특히 건성모발은 잦은 파마 등 햇빛에 오랜 노출이 원인이 되기도 하며, 매일 샴푸를 하는 것은 삼가하고 유분과 수분이 함유된 순한 샴푸를 사용한다. 고농도의 단백질 샴푸는 오히려 모발에 두꺼운 보호막이 형성되므로 모발에 유수분이 원활히 공급되지 않아서 건조하게 된다.

매일 충분한 수분 섭취와 칼렌듈라, 캐모마일, 라벤더 샌달우드와 같은 에센셜 오일을 사용하여 두피 및 모발 케어를 해주거나 1방울의 에센셜 오일을 손바닥에 떨어뜨려서 손상된 모발 끝에 가볍게 발라주면 오랜 시간 동안 좋은 향이 남아 있고, 모발 보호에도 효과적이다.

(3) 지성모발

지성 모발은 지성피부와 같은 유형이다. 피지선의 기능이 활성화되어 있어서 두피에 유분이 많아지므로 모발도 유분기가 많아져서 무겁고 청결하지 못한 느낌이다. 영양이 많은 단백질 샴푸나 발삼 샴푸는 사용을 피하고 샴푸 전에는 충분히 브러싱을 한 후 샴푸를 해준다. 적은 양의 에센셜 오일을 사용하여 모발을 밝고 건강하게 만든다. 시더우드, 레몬, 레몬그라스를 샴푸나 린스로 사용하거나 두피 마사지를 해 준다.

헤어 케어를 위한 블렌딩 실습

모든 타입 모발	제라늄, 라벤더, 로즈마리
건성, 손상된 모발	프랑킨센스, 저먼 캐모마일, 로즈우드, 샌달우드
지성 모발	버가못, 시더우드, 사이프러스, 제라늄, 그레이프후룻, 주니퍼, 레몬, 패촐리,
유아 모발	저먼 캐모마일, 라벤더, 만다린, 오렌지
비듬 모발	시더우드, 유칼립투스, 스파이크 라벤더, 로즈마리, 티트리, 샌달우드
감염된 두피	저먼 캐모마일, 라벤더, 티트리
탈모	로즈마리, 진저, 페퍼민트, 시더우드, 일랑일랑

2) 허브 린스(Herbal rinses)

(1) 검정색 머리 : 로즈마리, 세이지
(2) 밝은색 머리 : 캐모마일, 메리골드

주전자에 2g의 건조 허브를 다시마백이나 티볼에 넣은 후 2컵 정도의 끓는 물을 부어 3시간 우려낸다. 스프레이 통에 2컵의 사과 식초를 넣고 우림 물을 식혀서 부은 후 흔들어 섞은 후 사용한다.

일주일에 2회 두피에 스프레이한 후 가볍게 마사지를 한다. 5분 후에 샴푸, 린스를 해 주면 건조한 피부와 가려운 두피에 효과적이다.

3) 탈모

머리칼이 한 움큼씩 빠지기 시작해서 머리가 벗겨지고 있다면 심각한 증상이라고 할 수 있다.

브러싱과 샴푸를 적절하게 하고 의사와 상담을 해서 호르몬의 불균형으로 인한 탈모 여부를 체크해 본다. 유전적 요인이 탈모로 인한 대머리가 되는 경우가 대부분이거나 심리적 스트레스와 순환장애로 인한 두피 및 모발에 영양과 산소 공급이 원활하게 이루어지지 않는 이유를 들 수 있다.

예방과 관리 방법으로는 탈모에 대한 가족력과 병력, 현재 앓고 있는 질병이나 복용 중인 약, 생활습관과 식습관, 샴푸와 모발 관리 방법 등을 기록해 가면서 리스크를 제거해야 한다.

오염된 바다나 수영장에서의 수영은 피하고 깨끗한 물(끓인 물 혹은 정제수)로 감고 소량의 에센셜 오일을 사용하여 두피 마사지나 모발에 발라준다. 비타민 B군을 섭취해 주고 지나친 샴푸는 피하고 적당한 운동과 휴식으로 스트레스 관리한다.

타임, 로즈마리, 라벤더, 세이지 등과 같은 에센셜 오일을 사용하고 아로마테라피스트가 권하는 허브 티를 음용하는 것이 효과적이다.

4. 스파 (Spa)

1) 스파의 정의

스파(Spa)라는 용어는 벨기에의 작은 마을 이름에서 유래한 것이며, 물치료(Hydro therapy)를 중심으로 한다.

2) 스파의 종류

(1) 목적성 스파(Destination spa) : 긴 기간 체류를 하는 경우
(2) 데이 스파(Day spa) : 현대식 형태로 짧은 시간 동안의 스파 체험을 말한다. 스파의 성공에 필수적인 것은 완전한 평정과 평화로운 환경의 분위기, 개인 전인적인 평안에 초점을 맞추고, 개인관리 서비스를 제공하는 분위기, 시설, 환경으로 독특한 스파 체험을 하게 해주는 정서 반응을 창출하는 것이 중요하다.

(3) 샤워 : 근육과 긴장감을 이완시키며 다음 과정의 준비를 위해 사용된다.

(4) 사우나 : 10~20%의 습도에서 온도 76~99℃ 정도의 뜨거운 공기를 이용한다. 긴장
　　　감이나 불면증을 완화시키고 신체의 신진대사와 순환을 증진, 독소 배출을 돕는
　　　다.

(5) 스팀 목욕 : 100% 습도에 40~49℃의 온도가 유지되는 한정된 공간에서 뜨거운 증
　　　기를 이용하는 것이다. 스트레스를 줄이고 신체의 독소 제거를 도와준다. 치유적
　　　효과를 향상 시키기 위해서 에센셜 오일을 물에 첨가한다.

아로마테라피에 사용되는 에센셜 오일을 하이드로테라피에 적용하는 방법을 살펴보
기로 하자.

하이드로테라피는 병을 치료하기 위하여 물을 이용하는 것이다. 많은 사람이 하이드
로테라피를 의학 치료와 약품 대신 건강과 자연 치료 방법으로 사용하고 있다. 물이나
열수에 의한 치료는 고대 로마, 중국, 일본, 한국을 포함한 많은 국가의 문화에 병의 치
료를 위해 사용되어 왔던 전통 요법이다. 하이드로테라피(Hydrotherapy)란 물을 인체에
적용하여 질병 치유, 건강 증진, 피부 미용 효과를 얻을 수 있는 매우 효과적인 자연 요
법이다. 또 그 적용 방법에 따라 건강 증진 및 정신 심리적 안정, 그리고 인체의 생리적
활력을 증진시키는 다양한 효과를 얻을 수 있다. 즉, 물을 사용하는 신체의 내부
(internal) 및 외부(external)에 건강과 미용을 위하여 적용하는 인체의 방법을 말한다. 예
로부터 전래되어온 자연 치료 요법이였고 민간 미용 건강요법이었다.

물은 이 세상에서 가장 중요한 물질이며 가장 독특한 물질이다. 물은 기체(vapor), 액
체(liquid), 고체(solid)의 형태로 존재한다. 고대 로마제국시대는 대규모의 수도시설
(waterworks), 대중탕, 온천 등이 질병 치유와 건강 유지 및 미용의 수단으로 사용되었
던 것을 알 수 있다. 로마시대의 대욕장에는 탕(bath)의 온도에 따라 여러 욕실(bath
room)이 있었고, 온욕(warm bath)뿐 아니라 마사지(massage) 치료(therapeutic) 체조
등도 있었다.

하이드로테라피의 응용 범위와 방법은 무척 다양하다. 수 요법의 욕제, 시간, 온도, 방
법, 대상자의 상태에 따라 그 적용과 효과는 무척 다르다. 특히 물리 요법과 피부 미용에

적용하였을 때 그 효과는 대단히 우수하다. 우리나라에서 하이드로테라피는 신체를 청결히 하는 세정 수단 외에 미용, 건강, 질병 치료 또는 의식의 수단으로 인식하여 왔다. 1998년도 미국의 피부 미용계를 주도했던 피부 미용관리 방법은 spa therapy(온천 요법), 즉 하이드로테라피였다. 특히 피부 미용, 정신·심리적 안정, 건강 증진을 목적으로 하이드로테라피 시설들은 대부분 고급화, 대형화 추세를 보이고 있다.

사전적 정의에 의하면 "하이드로테라피(수 요법)란 물의 여러 가지 형태와 방법을 사용하여 행하는 치료의 총칭으로서 물리 요법의 일종이다. 수 요법이 갖는 생리학적 작용과 부력에 의한 작용, 수압에 의한 역학적 작용 외에 온천욕, 해양 요법 등에 있어서는 함유성분에 의한 생물학적 효과 등의 특이적 작용이 있다. 실제 치료에 있어서는 이들 작용이 단독 또는 복합적으로 실시되며 수중 훈련, 와류욕, 압주법 등이 있다.(간호학 대사전, 1997) 하이드로테라피는 물을 인체에 적용하는 일체의 방법들을 사용하는데 물리적 요인, 생화학적 요인 등에 의해 그 작용이 달라진다.

피부 미용학적으로 하이드로테라피는 다음과 같이 적용된다.

3) 물의 사용 방법

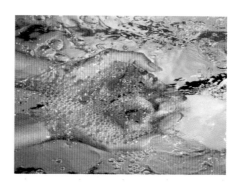

　(1) Thalsso therapy(해양 요법)

　(2) 목욕 요법(Bath)

　(3) Spa therapy(온천 요법)

　(4) 사우나(Sauna)

　(5) 풍욕

　(6) 한증 요법

　(7) 약물 요법

　(8) 증기욕

　(9) 광선욕

　(10) 기타 특수 요법 등이다.

수 치료에 대한 최초의 기록은 기원전 1500년경에 쓰여진 힌두교 최고의 경전인

《Rigveda》에 열병 치료를 위해 물을 사용했다는 기록이 있다. 또한, 히포크라테스 (Hippocrates)가 근육의 경련이나 관절염의 치료에 물을 사용했다. 호머(Homer)는 피로의 회복이나 상처 치유 또는 우울증과 같은 정신질환의 치유를 위하여 온욕(warm bath)을 하는 것이 효과가 있다고 하였다. 로마인들은 온천의 열렬한 신봉자들이었으며 공중목욕탕의 뛰어난 설계자들이었다. 그러나 16세기에 들어와서야 미네랄, 철 및 우물 주변의 엄격한 관리하에 개발된 수 요법이 유럽에 나타나게 되었다. 15세기 이전에는 문화적 종교적 영향으로 침체되었으나 16~17세기에 들어와 유럽의 일부 의사들에 의해 다시 부흥되기 시작하였다.

Dr. John Floyer경은 1697년에 그의 저서 《An enguiry into the right use and abuse of hat, cold and tempeate bath》에서 수 요법의 올바른 사용법을 강조하였다.

감리교의 창시자이며 유명한 신학자인 John Wesleydmd는 그의 《An easy and natural of curing most Disease》에서 여러 가지 질병들을 치료할 수 있는 간편하고 손쉬운 수 요법의 방법들을 소개하였다. 독일에서는 1700년경 의사인 Seigmund와 그의 아들에 의해 시작되었다. Hahn은 특별한 질병에 사용되는 여러 종류의 목욕 요법에 관한 책을 저술하여 수 요법의 발전에 기여하였다.

18세기와 19세기에 들어와 수 요법은 더욱 대중화되고 그 치료 방법이 확산되었다. Vincent priessnitz의 《찬물 치료법》과 파스테르 크네이프(pastor kneopp)의 《냉, 온치료법》은 19세기 유럽에서 개발된 이래 수 치료법에 있어서는 여전히 표준 시술 방법이 되고 있다.

현대에 와서 수 요법의 창시자라고 불리워지는 Vincent priessnitz는 19세기 초 사람과 동물을 대상을 한 실험을 통하여 연구 개발한 수 요법을 대중에게 적용하였으며, 그 방법들을 압주법(Douches), 습지 찜질법(Wet sheet packs), 마찰법, 한·냉 전신욕, 발한시키는 법, 습포(Compresses), 좌욕(Sits bath) 등으로 오늘날에도 그 결점이 보완되어 사용되고 있다.

1908년 Dr. Simon Barich는 《The principles and practices of hydrotherapy》를 발간하여 수 요법의 이론 정립에 크게 기여하였으며 Von Leyden과 Goldscheider(1998)이 온수 속에서 수중 운동을 처음 고안하였다.

미국에서는 1844년 Russell Trall에 의해 처음 시작되었으며, 그 후 Dr. Simon Baruch

가 하이드로테라피(hydro therapy)를 치료 요법을 사용하여 명성을 얻었다. 또, 미국 필라델피아의 Dr. J.H 케로그(Kellogg)는 《합리적인 수 치료법》이라는 저서에서 아주 포괄적인 수 치료법에 대해 기술했는데 관주법, 분무법, 팩, 흡입법 및 목욕법과 그 효과에 관한 것들이었다.

자가 치료를 위해서도 광범위한 수 치료법의 시술 과정이 일반적으로 쓰이고 있으며 약찜, 사우나, 거품 목욕, 증기욕, 고온 목욕, 그리고 다른 특수 목욕의 형태로 다양화되어가고 있으며, 현재 건강 농장이나 스포츠 클럽, 건강 센터, 스킨케어 살롱, 호텔 등에서 널리 사용되며 한의원, 성형외과, 신경정신과 등에서도 치료적 목적으로 사용되고 있다.

2000여 년 전 우리나라에서도 목욕이 미용 수단으로 사용되고 중시되었음을 알 수 있다. 신라에서는 일찍이 목욕이 미용, 청결, 의식 수단으로 활용하였음을 말해준다. 더구나 불교가 전래됨으로써 신라인들은 절에 대형 공중목욕탕을 설치하여 목욕재계의 계율을 지켰으며 가정에서도 목욕 시설을 마련하였다.

고구려인들은 신라인보다 목욕을 더 자주 하는 동시에 목욕을 미용 수단으로 사치스러운 목욕을 즐겼다. 서긍의 《고려도경》의 기록을 보면, 고구려인들은 하루 서너 차례 목욕을 하였으며, 개성의 큰 내에서 남녀가 한데 어울려 목욕했다. 또 상류사회에서는 어린애의 피부를 희게 하기 위해 복숭아 꽃물로 세수하거나 목욕했다고 기록되어 있으며, 여자는 물론 남자도 난탕에 목욕함으로써 피부를 희고 부드럽게 하는 동시에 몸에서 향기가 나도록 하였다.

조선시대에 와서는 음력 6월 보름날이 되면 계곡과 냇가에 가서 목욕하고 물맞이를 하였다. 또 제례 전에 반드시 목욕제계해야 하는 관습과 백색 피부의 선호로 인하여 목욕이 성행하였다. 따라서 고관대가에서는 목욕 시설인 정방을 설치하였으며, 특히 혼례를 앞둔 규수의 살갗을 희게하기 위한 목욕을 하였다. 난탕을 비롯하여 인삼잎을 달인 삼탕, 창포잎을 삶은 창포탕, 복숭아잎탕, 마늘탕, 쌀겨탕을 이용하였다.(전완길, 1980, 1987).

개방 이전의 우리나라의 가옥에서는 목욕간이나 목욕탕이 따로 설치되어 있지 않았다. 따라서 일반 서민들은 추운 겨울을 제외한 다른 계절은 내 또는 얕은 강이나 호수 등에서 몸을 씻었다. 양반층은 목간통이라 하여 나무로 만든 둥근 욕조를 안방 또는 사랑

방에 들여 놓고 하인들이 운반해온 더운물을 끼얹는 방법으로 목욕하였다.

개방 이후에는 선교사들이 거주하면서 목욕 시설의 불편함을 느껴 가옥을 일부 변경하거나, 혹은 처음으로 목욕 시설을 갖춘 가옥을 건축하였다. 우리나라의 대중목욕탕은 1924년 평양에서 처음으로 설립되었다. 이때의 공중목욕탕은 정부에서 직접 운영하였으며 관리인을 따로 임명하였다.

현대의 목욕탕의 기능은 단순히 '몸을 씻는 곳'이라는 곳의 개념을 떠나 목욕 공간은 물론 휴식의 공간, 건강 관리를 위한, 아름다움을 만들어내는 공간 등으로 다양한 수 요법 공간과 시설을 갖추어 놓고 있다. 이러한 수 요법 시설은 정신과의원, 성형외과의원과 Skin Care Salon, 한의원, 건강 레저 시설 등으로 폭넓게 적용되고 있다.

4) 하이드로테라피의 효과(Effect of Hydrotherapy)

(1) 물의 생리적 작용과 효과

생체 내에서 물의 생리학적 작용과 물의 효과는 다음과 같이 정리할 수 있다.

① 혈액의 순환 및 대사 작용 증진

② 림프액의 활성화

③ 체액을 조절하고 산 염기의 평형 유지

④ 체온의 조절(해열 및 발열)

⑤ 포도당의 생성

⑥ 노폐물의 배출과 세포의 신진대사 촉진

⑦ 모세혈관 작용의 촉진

⑧ 내장 기관의 세정

⑨ 해독(Detoxication)

⑩ 변비 해소, 숙변 배출

⑪ 구아닌 독소의 발생 방지

⑫ 설사의 치료

⑬ 진통(Anodyne)

⑭ 자극(Stimulant)

⑮ 강장(Tonic)

⑯ 체액의 정화 작용

⑰ 성인병 예방

⑱ 미네랄의 공급원

⑲ 미량원소의 공급원

⑳ 전신의 소화 흡수 촉진

그 밖에도 물은 알코올중독, 니코틴을 예방하고 과산화지질, 콜레스테롤, 중성지방 등의 농도를 희석하여 동맥경화와 노화를 방지하며 현대 물질 문명의 중독중인 심신증, 신경쇠약증, 자율신경실조증 등을 예방한다.

또, 몸의 냄새, 입술이 터져서 껍질이 벗겨지는 등, 인체의 수분 결핍 증상, 변비의 해독 등도 체액이 노폐물이 피부를 통하여 배출되지 못한 이유이다.

(2) 한의학적 관점의 물의 기능

조선시대 허준의 《동의보감》에서 물의 치료 기능을 다음과 같이 기술하였다.

① 정화수(井華水) : 새벽에 제일 먼저 길어올린 우물물로 순하고 맛이 달고 독이 없다. 몸의 아홉 구멍(입, 눈, 귀, 코, 항문, 질 등)으로부터 출혈하는 병을 치료하고 구취까지 없애준다. 약을 달이는 데 쓰이는 물로 음용수의 으뜸으로 꼽힌다.

② 한천수(寒天水) : 좋은 우물물로 순하고 맛이 달고 독이 없다. 위장병을 치료한다.

③ 천리수(千里水) : 멀리서 흘러내려 온 순하고 맛이 좋은 물로 독이 없다. 병후 허약한 체질에 좋다. 여러 번 저으며 약을 달여야 잡귀의 침입을 막는다. 또한, 비가 많이 온 후 천리수를 잘못 마시면 중독되는 수가 있다고 한다.

④ 옥정수(玉庭水) : 옥이 묻혀 있는 계곡에서 흘러나오는 물로 맛이 달고, 순하며 독이 없어 오래 마시면 몸이 윤택해지고 머리가 검어진다.

⑤ 벽해수(碧海水) : 바다 가운데 맛이 짜고 색이 푸른 바닷물이 으뜸으로 꼽힌다. 끓여서 목욕하면 피부 옴을 낫게 하고, 한 홉을 마시면 음식 먹고 체한 것을 토하게 한다.

⑥ 순류수(順流水) : 순하게 흐르는 물로 방광염을 치료하고 배변을 돕는다.

⑦ 급류수(急流水) : 빠르고 급하게 뛰놀며 흐르는 물로 배변을 돕는다.

⑧ 역류수(逆流水) : 거슬러 흐르는 물로 가래를 많이 뱉는 병의 약으로 쓰인다.

⑨ 감란수(戡亂水) : 물동이에 담은 물을 백번 저어 거품이 이는 물로 일명 백로수(百勞水)라 부른다. 토사곽란과 복통을 치료한다.

⑩ 납설수(納雪水) : 섣달 납일에 온 눈이 녹은 물로 감기, 음주 후 신열(fever), 황달을 치료한다. 눈을 씻으면 충혈을 치료한다.

⑪ 춘우수(春雨水) : 정월에 처음 내린 빗물로 약을 달여 먹으면 양기가 솟고, 부부가 한 잔씩 마시고 합방하면 아이를 잉태한다.

⑫ 추로수(秋露水) : 가을 이슬 물로 소갈증을 치료하고 몸이 가벼워지며 피부가 좋아진다.

⑬ 동산(冬霜) : 겨울 서리 물로써 얼굴의 붉은 기를 없애고 코의 막힘을 풀어준다.

⑭ 박(雹) : 우박으로, 두 되 정도 장독에 넣게 되면 나쁜 장맛이 좋아진다.

⑮ 매우수(梅雨水) : 5월의 빗물로 이 물로 씻으면 부스럼이 치료된다.

⑯ 하빙(夏氷) : 얼음물로써 열을 없앤다.

⑰ 옥류수(屋霤水) : 지붕 위에 물을 뿌려 처마 밑에서 받은 물로 개에게 물린 상처에 이 물을 넣어 갠 흙을 붙이면 효능이 있으나 독이 심하면 나쁜 종기가 돋는다.

⑱ 모옥의 누수(茅屋漏水) : 초가지붕에서 흘러내린 빗물로 독을 없앤다.

⑲ 온천(溫泉) : 종기, 부스럼 등을 치료하고 풍(風)에 대한 근육과 뼈의 경련, 수족의 불수(不隨)를 치유한다.

⑳ 냉천(冷泉) : 편두통과 등이 차가운 증세, 울화, 오한은 이 물로 목욕한다.

수 요법은 그 물의 사용 방법에 따라 다양한 효과를 나타낸다. 크게 건강 증진 효과, 미용의 효과, 치료 효과, 이완, 휴식의 효과 등으로 나눌 수 있으나 생리학적 작용과 함께 다음과 같이 요약할 수 있다.

수 요법에 있어서 치료 효과를 결정하는 요인들은 일반적으로 가장 중요한 것은 대상자의 신체적인 조건과, 물의 온도를 꼽을 수 있다. 그것은 대상자의 수 요법 실시 전 신체적 조건을 파악하는 것이 무엇보다 중요하다는 것을 뜻한다. 즉, 신체적 조건에 알맞은 수 요법의 선택과 수온을 결정해야 한다. 수 요법 실시하는 시간, 연령 등도 세심하게 파악해야 할 조건들이다.

① 자극 효과(stimulation) : 물의 물리, 화학적 작용에 의하여 인체에 일어나는 반응으로 적용하는 수 요법으로 관수(affusion), 염수욕(brine bath), 상자욕(cabinet bath) 등이 있다.

② 진정 효과(sedative) : 물의 온도차에 의하여 얻어지는 효과로써 진정 효과는 약 37.3~38.9도에서 나타난다. 정신·심리적 치료를 원하는 대상자를 위해 사용된다. 산소욕(oxygen baths), 온욕(warm bath), 습지 찜질(wet sheet packs), 상자욕 등이 있다.

③ 강장 효과(tonic) : 물의 사용 방법에 따라 대상자의 소화기계에 영향을 미쳐 식욕증진의 효과와 더불어 신체·정신적으로 건강하게 한다. 압주, 염수욕, 상자욕, 사이트욕, 회전욕(whilpool bath), 건마찰, 교대욕 등이 있다.

5) 하이드로테라피의 분류

(1) 적용 방법에 따른 분류

① 수 요법 욕조(immersion treatment, bath, pool, etc)

② 분무욕과 압주욕(spray and pressure)

③ 세정(irrigation)

④ 관수와 마찰(affusion and ablutions)

⑤ 찜질과 습포(pack and compresses)

(2) 치료 효과에 따른 분류

① 진통(anodyne)

② 해열(antipyrin)

③ 항경련(antispasmodic)

④ 발한(diaphoresis)

⑤ 배설 촉진(eliminant)

⑥ 발열(pyrogen)

⑦ 진정과 수면(sedative & sleep)

⑧ 자극과 강장(stimulation & tonic)

6) 하이드로테라피의 피부 미용 적용

(1) 슬리밍 목욕 요법(slimming) - 고온 반복욕

미용과 체중 감량을 위한 목욕 요법은 절식 요법, 운동 요법과 함께 발한 감량 요법이 대단히 효과적이다. 땀이 피부에서 건조할 때는 1ml당 0.5kcal를 소모한다. 몸 전체에서 기화열에 의해 소모되는 열량은 대단히 크다. 발한 감량법에서는 단순히 체내의 수분이 줄어드는 것 외에 땀의 기화로 인한 칼로리 소모가 더 큰 의미가 있다. 발한 감량을 위한 목욕 요법은 땀이 나기 시작하면 2분간 쉬고 4분간 들어갔다가 2분간 쉬는 것을 3회 되풀이한다. 1주일에 3회 정도 실시하고 익숙해지면 그 횟수를 늘려간다.

(2) 식욕 증진 목욕 요법 - 점진 증욕법

신체의 질병이나 이상 증상이 없으면서도 계속 마를 경우 그 원인을 규명하기 힘
들다. 너무 말랐다는 것은 섭취 에너지양의 부족과 전신 신경의 영향, 위장장애 등 장
기의 기능 저하와 관련을 생각해 볼 수 있다. 일반적으로 목욕은 에너지를 많이 소비
하게 되지만, 점진 증욕법은 칼로리 소모를 억제하면서 식욕 증진 효과가 크다.

(3) 피부 미용을 위한 목욕 요법 - 미온욕

피부 미용과 건강, 목욕과의 관계는 매우 밀접하다. 신체 표면의 더러움을 제거해
주는 것은 물론 목욕을 통해 피부를 가꾸고 건강하게 유지할 수 있다. 그것은 목욕을
통하여 신진대사를 촉진시켜줄 뿐 아니라 노폐물의 배출이 증진되고, 피부 조직의
활성화가 이루어져 피부 대사 활동이 증진된다. 또 혈관의 팽창으로 혈액량이 증가
할 뿐 아니라, 혈압이 낮아지고 호흡이 길어져 산소 흡수량이 증가한다. 또 호르몬의
분비를 원활하게 할 뿐 아니라 호르몬이 혈중에서 피부로 순조롭게 전달되어 피부를
촉촉하고 윤기 있게 한다. 더불어 피부의 목은 각질과 피지 등을 제거시키고 피하의
지방이 골고루 피부에 균등하게 배출되어 피부가 부드럽게 된다. 피부를 아름답게
가꾸고자 할 때는 미온욕이 효과적이다. 미온욕은 40~41도 이상 따뜻한 물로 하는
것은 삼가야 한다. 일반적으로 여성은 피하지방이 두꺼워 남성보다 온도 자극에 대
한 저항력이 크지만 너무 자주 목욕하여 피
부 피지가 너무 유실되어 피부 광택을 상실
하게 한다. 그러므로 목욕 후 피부 건조를 예
방하는 피부관리가 꼭 필요하다.

(4) 피부관리를 위한 목욕 요법 - 약탕

우리나라 전래의 약탕으로는 창포탕이나
유자탕이 있다. 약탕은 43~44도일지라도 약
탕재의 작용에 의해서 그 뜨거움을 별로 느
껴지지 않게 된다. 목욕물에 이물질을 넣게

되면 열의 전도율이 떨어지기 때문이다. 이러한 약탕의 약탕재의 효과 하이드로테라피의 효과가 상승 작용을 일으켜 피부 미용과 건강에 매우 우수한 효과를 나타낸다. 오늘날 일반적으로 사용되는 레몬, 오렌지, 장미 등의 식물 재료나 각종 약재, 아로마 등이 주재료로 사용된다.

(5) 다리의 미용관리를 위한 목욕 요법 - 족욕(warm bath)

발이나 다리가 붓거나 하체 비만, 셀룰라이트는 오랫동안의 피로와 신체의 조절기능의 저하에 그 원인이 있다. 다리 부종의 원인은 림프액이나 정맥혈이 하체에 정체되어 일어난다. 이때 40도 전후의 물에 몸을 담그고 오래 견뎌낸다. 이는 수압을 충분히 활용한다는 것이 된다. 여성인 경우 평균 체표면적은 1.55m² 정도가 되며 이 여성이 물속에 목까지 몸을 침투시킬 때 신체 표면이 받는 전체 압력은 1,125kg에서 1,300kg이나 된다. 그 결과 피부 표면의 혈관이 일시적으로 압박되어 림프액이나 정맥혈이 일제히 심장으로 되돌아간다. 이와 같은 현상에 따라 수압은 부종의 해소에 효과적으로 작용한다. 그리고 심장으로 갔던 혈액이 다리에 되돌아오게 되어 이때 인체를 수압에 저항하여 혈액을 보내기 위해 혈관이 확장된다.

이러한 운동 반사에 의해 혈액순환이 촉진되고 다리의 부종과 피로가 풀리게 된다. 즉 물의 압력은 혈관의 운동신경이나 자율신경 기능이 스스로 그 기능을 증진토록 하는데 중요한 역할을 하게된다.

(6) 건강 증진을 위한 목욕 요법 - 반신욕

복부의 명치 부위까지 수조에 잠기게 하고 가슴 위쪽은 물 밖으로 노출시켜 주는 목욕 요법이다. 다리를 아름답게 가구는 목욕 요법일 뿐 아니라 특히 신체의 냉증 치료에 효과적으로 사용된다. 시간은 20~30분 정도에 미지근한 온도인 37~38도의 수온을 적용한다. 이 결과 신체의 심부에서부터 더워져서 많은 땀과 노폐물을 배출시킨다. 이는 모든 병의 근본적인 치료에 있어서 국소적인 환부만을 보는 관점에서 떠나 신체 전부를 보는 관점이다. 냉풍은 혈액순환의 장애에 그 원인이 있다.

몸속에서 혈관이 냉기에 의해 수축되면 순환부전, 동맥혈류량이 감소되고 정맥의 흐름이 부진하게된다. 인체 내에서 정맥의 혈액은 산소, 영양 물질, 전달, 면역 물질, 체내에 침입한 병균, 신체의 각 조직, 기관, 세포에서의 대사 물질인 유해 물질과 노폐물을 배출한다.

반신욕의 수온이 너무 뜨거우면 피부 표면에 방어벽이 만들어져 열이 피부 내부까지 이르지 못한다. 더불어 피부 표면에 혈관 확장과 발적을 가져와 피부 온도가 상승되지만, 내부 장기의 혈액이 부족하여 도리어 장기 온도가 낮아지면서 그 기능도 저하된다.

(7) 아로마 목욕 요법 - 아로마 베스(Aroma Bath)

아로마 에센셜 오일로 목욕하는 것은 대단히 우수한 효과를 기대할 수 있다. 아로마의 정유(Essential oil)는 피부와 후각 기관을 통해 아로마의 독특한 치료적 효과를 나타낸다. 따뜻한 물에 정류를 혼합(알코올, 우유와 같은 유화제 사용)하면 피부로 쉽게 흡수되어 침투된 다음 림프액, 혈액과 같은 체액에 의해 온몸으로 운반되어 치료되어야 할 장기, 조직, 세포, 분비샘, 신경조직 등 해당 부위에 도달해서 작용하기 시작한다. 더불어 피부가 탄력을 되찾고 부드러워지며, 독성 물질과 냄새를 제거해 준다.

아로마 정유 목욕(Aroma essential bath)은 하나의 작은 에너지(Energy) 입자로써 피부의 상태와 대사에 따라 작용하는 시간이 필요하다. 그리고 감정에 영향을 주는 방향의 효과(심리적)는 즉시 그 효과를 발휘한다. 보통 6~15방울의 정유를 물에 떨어뜨려 사용하는데 오일이 빨리 용해되고 작용하기 위해서 따뜻한 물에 유화제 (Emulsifier)를 사용한다.

(8) Aroma 족욕 요법

Aroma 족욕은 두통, 편두통, 생리통, 감기, 피로감, 발, 통증 때 효과가 좋다. 반사 요법의 원리에 의해 모든 내부 장기가 반사 반경을 따라 발바닥에 연결되어 있으므로 발바닥을 마사지하거나 목욕함으로써 큰 효과를 볼 수 있다.

① 발의 피로 - 티트리 6방울, 유칼립투스 3방울, 라벤더 3방울

② 땀나는 발 - 사이프러스 3방울, 라벤더 3방울, 세이지 3방울

③ 피곤하고 아픈 발 - 주니퍼 5방울, 로즈마리 2방울

④ 복통 - 클라리 세이지 4방울, 페퍼민트 2방울

(9) Aroma 좌욕 요법

따뜻한 좌욕기에 에센션 오일을 블렌딩하여 좌욕하는 방법이다.

① 치질 - 사이프러스 5방울, 주니퍼 3방울, 프랑킨 센스 2방울

② 성기능 장애, 불감증 - 클라리 세이지 6방울, 재스민 2방울, 페퍼민트 2방울

③ 성기의 헤르페스 - 멜리사 6방울, 로즈 4방울

④ 성병 감염 - 샌달우드 4방울, 라벤더 2방울, 로즈 1방울

(10) 아로마테라피 전신욕(Aromatherapy Bath)

아로마테라피 전신 목욕 요법으로는 다음과 같은 에센셜 오일을 블렌딩하여 사용할 수 있다.

① 아침의 자극적이고 상쾌함을 위한 목욕 : 로즈마리 4방울, 마조람 2방울, 페티그레인 2방울

② 청결, 상쾌함을 위한 목욕 : 레몬 3방울, 제라늄 3방울

③ 피로회복을 위한 목욕 : 로즈마리 4방울, 마조람 2방울, 라벤더 3방울

④ 감기를 위한 목욕 : 라벤더 3방울, 로즈마리 2방울, 타임 2방울

⑤ 우울증을 위한 목욕 : 클라리 세이지 4방울, 캐모마일 2방울

⑥ 초조하고 흥분될 때 : 제라늄 6방울, 샌달우드 4방울

(11) 허브를 이용한 스파와 하이드로테라피(Using herbs in Spa and Hydrotherapy)

　허브는 스파나 하이드로테라피에 사용되는 중요한 재료이다. 에센셜 오일로서 사용할 수 있는 종류가 다양하며 몇몇의 에센셜 오일을 사용 방법이 까다로운 것들이 있기도 하다. (욕조에 반정도 물을 채운다.)

　① 우울증에 효과가 있는 아로마 목욕
　　아몬드 오일, 해바라기 오일 : 1/2컵 꿀
　　라벤더 : 3방울
　　일랑일랑 : 3방울
　　바질 : 2방울
　　제라늄 : 2방울
　　그레이프후룻 : 1방울
　　위의 에센셜 오일을 희석하여 욕조에 유화제(우유, 샤워겔)와 함께 넣은 후 최소 20분 동안 입욕한 후 몸을 따뜻하게 해준다.
　② 피부를 부드럽게 해주는 에센셜 오일
　　라벤더 : 4방울
　　일랑일랑 : 2방울
　　제라늄 : 2방울

(12) 하이드로테라피에 사용되고 있는 허브들
(Common Herbs for Use in Hydretherapy)

스트레스 경감 및 긴장완화	원기회복 및 심신의 평안	해독 작용
라벤더	캐모마일	주니퍼
캐모마일	클라리 세이지	진저
클라리 세이지	로즈마리	그레이프후룻
재스민	제라늄	유칼립투스
마조람	일랑일랑	클로브
		펜넬

미용 현장에서 테라피스트들이 피술자의 피부 미용과 건강 문제를 좀 더 가깝게 이해하기 위해서 하이드로테라피(Hydrotherapy)의 이론적 배경과 역사, 그리고 효과, 분류 및 적용 방법 등을 설명하였다. 하이드로테라피가 인체에 미치는 영향을 인체 생리학적으로 접근해 보았으며, 이를 통해 하이드로테라피의 실무 적용과 관련하여 테라피스트들이 현장 실무에 유용하게 접근할 수 있는 몇 가지 방법들을 제시하였다.

하이드로테라피의 적용에 있어서 증상별, 적용 방법에 따른 에센셜 오일을 선택하여 심리적, 육체적 또는 영혼이 위축되어 있는 현대인들의 건강 미용 프로그램으로 적절하게 사용한다면 최상의 고객 만족의 결과를 가져오리라 기대된다.

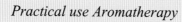

Practical use Aromatherapy

12 | 가정에서의 아로마테라피

가정에서 사용할 수있는 에센셜 오일의 다양하고 효과적인 방법에 대하여 알아보기로 한다.

치료를 목적으로 하든, 치료를 목적으로 하지 않든 가정에서의 에센셜 오일의 사용 방법은 그다지 어렵지 않다. 일반적으로 많이 사용하는 방법으로는 목욕법, 흡입법, 스팀법, 습포법 등이 있다. (참고 : 의사들이나 아로마테라피스트들은 의학적인 면과 심리학적 면을 비중 있게 고려하여 적용하고 있다.)

집 안이나 뷰티 살롱을 들어서면서 가장 먼저 손님을 맞이하는 것이 바로 아로마 향이다. 음식 냄새, 담배 냄새, 애완동물 냄새 등을 없애주고 좋은 향으로 손님을 맞이한다면 멋진 실내장식보다 더욱 깊은 인상을 주리라 생각된다.

가족들의 건강과 행복한 삶을 위해서 고유의 향을 만들어 여러 가지 방법으로 적용해 보기로 하자.

1. 방법에 따른 분류

1) 공기 청정(Air freshener)

(1) 룸 스프레이 : 4방울 정도의 E/O - 물 50ml

준비한 깨끗한 스프레이 용기에 미지근한 물을 넣은 후 준비
한 에센셜 오일을 넣고 흔들어서 공기 중이나 커튼, 카펫 등에
분무하여 적용한다. (라벤더, 레몬, 로즈마리)

스트레스를 완화시키고 감정적인 문제들과 같이 집중하기 어
려운 부분들을 다스릴 수 있는 블렌딩을 하는 것이 좋다.

(2) 확산기(Diffuser) : 1~6방울의 E/O

병 속에서 가열된 에센셜 오일의 분자들이 공기 중으로 방출된다.

확산기를 이용한 방법은 에센셜 오일의 정신적, 감성적인 면에 도움을 줄 수 있는 블
렌딩을 하는 것이 좋다.

(3) 양초(Candles) : 1~2방울의 E/O

양초에 불을 붙일 때는 왁스가 녹을 때까지 기다렸다가 초가 따뜻해지면 에센셜
오일을 넣어준다. 에센셜 오일은 가연성(휘발성) 물질이므로 심지에 닿지 않도록 주
의한다.

(4) 라이트 벌브(Light bulbs) : 2방울의 E/O

전구에서 데워진 에센셜 오일의 분자들이 공기 중으로 방출된다. 전원을 켜기 전
에 에센셜 오일을 첨가한다.

보통 2방울의 E/O을 벌브가 차가울 때 넣어서 사용한다.

(5) 우드 화이어(Wood fires) : 한 개의 우드에 한 방울의 E/O

사이프러스, 파인, 샌달우드 등의 에센셜 오일을 사용하기 30분에서 한 시간 전에 사용할 각각의 우드에 한 방울씩 떨어뜨려서 준비한 후에 태우는 것이 나무에 잘 배인 에센셜 오일의 향을 맡을 수 있기 때문이다.

2) 목욕법(Baths) : 6방울의 E/O

목욕법은 가정에서 가장 효과적으로 응용할 수 있는 방법으로 전신욕, 반신욕, 좌욕, 족욕 등이 있다. 준비된 욕조의 물에 에센셜 오일을 유화제(액상 비누, 우유 샤워겔)와 함께 넣은 후 입욕한다.

- 물의 온도는 너무 뜨겁지 않게 한다.
- 욕실문과 창문을 닫아서 아로마 향이 새어나가는 것을 방지한다.
- 캐리어 오일에 6방울의 에센셜 오일로 블렌딩한다.
- 블렌딩한 에센셜 오일은 휘발성 오일이므로 욕조에 물이 채워진 후에 넣어 준다.
- 입욕하여 기분을 전환하며 행복한 시간을 갖는다.

목욕법은 목욕물의 온도와 욕조 안에 머무르는 시간이 중요하다. 냉욕은 활기를 더해주어 에너지를 주는 반면에 온욕은 전신의 혈관과 모세혈관을 확장시켜서 혈액의 순환을 활성화시키며 근육의 긴장 이완에 커다란 효과를 준다.

또한, 피부의 문제, 스트레스, 코막힘, 가슴 답답함, 두통에도 효과가 있으며 입욕 중에는 세포에 수분 공급이 되기도 한다.

- 긴장 이완 : 바질, 주니퍼, 라벤더, 마조람
- 순환 촉진 : 버가못, 제라늄, 로즈마리

(1) 족욕(Foot bath), 수욕(Hand bath) : 2방울의 E/O

준비된 볼에 따뜻한 물을 넣은 후 2방울의 에센셜 오일을 첨가한 후 발(20분)과 손(10분)을 담근다. 수온이 혈관을 이완시켜 뇌의 혈관이 좁아질 때 생기는 긴장성 두통, 편두통에 매우 효과적이다. 족욕은 발의 통증을 완화시켜 줄 뿐만 아니라 몸 전체를 덥히고 활기를 부여한다.

3) 습포법(Compress) : 100ml의 캐리어 오일에 1방울의 에센셜 오일

잠시 동안 아픈 부위에 찜질을 하는 방법으로서 통증 완화, 울혈 제거, 염증 개선 등에 효과가 있다.

특히 온습포는 근육통, 치통, 이통에 더욱 효과적이고 냉습포는 관절 삐임, 두통에 더욱 효과적이다.

(1) 준비된 볼에 100ml의 뜨거운(차가운)물에 선택한 에센셜 오일 한 방울을 첨가한다.

(2) 거즈나 타월을 물에 담근다.

(3) 거즈(타월)을 짜서 원하는 부위에 대고 랩으로 싼 후 20~30분 정도 적용 시간을 둔다. 냉습포에 적합한 에센셜 오일은 라벤더로 응급 상황에 유용하게 쓰인다. 근육통을 위한 에센셜 오일은 로즈마리, 마조람 등이 유용하다.

(4) 필요한 경우 몇 차례 반복해서 사용해도 무방하다.

4) 흡입법(Inhalation) : 1~2방울의 E/O

에센셜 오일을 뜨거운 물에 첨가하여 그 증기를 흡 입하여 감기나 독감을 동반한 콧물, 코막힘과 같은 호 흡기 질환에 매우 효과적이다. 또한, 에센셜 오일이 피 부의 막힌 모공을 깨끗이 해주어서 안색을 맑게 해주 는데 큰 효과가 있다.

  (1) 증기 흡입은 천식 환자에게는 권하지 않는다.

  (2) 뜨거운 물을 볼에 준비한다.

  (3) 선택한 에센셜 오일(유칼립투스나 페퍼민트가
      호흡기 감염에 적합하다.) 2방울을 첨가한다.

  (4) 머리는 터번이나 타월로 감싸고 물이 담긴 볼을 이불이나 타월로 감싼다.

  (5) 물에 닿지 않을 정도로 얼굴을 가깝게 한 후 눈을 감고 몇 분 동안 증기를 흡입한
      다.

5) 마사지법(Aroma Massage)

마사지는 가장 일반적인 방법이다. 따뜻한 손으로 에센셜 오일을 사용하여 마사지하는 것이 좋고 한 번 에 사용할 수 있는 적절한 량의 에센셜 오일을 블렌딩 하여 사용하는 것이 좋은 방법이다.

  (1) 얼굴 마사지 : 캐리어 오일 5m - 2방울의 E/O

  (2) 캐리어 오일 15ml - 6방울 E/O

    ① 얼굴 마사지에는 5ml의 캐리어 오일이 사용되
       고 전신 관리에는 20~25ml, 특정 부위 마사지

(손, 발)에는 5~15ml의 에센셜 오일을 필요로 한다.

② 규칙적인 전문 관리를 받음으로써 피부에 적용한 오일과 크림이 더욱 쉽게 흡수될 수 있게 하며 얼굴의 탄력과 잔주름을 부드럽게 완화시킨다.

2. 장소별 분류

1) 거실(Living Room)

거실은 가족모두의 공동 생활 공간이기도 하면서 가정의 얼굴이기도 하다. 거실에서의 아로마 향의 사용은 공기 정화, 냄새 제거, 감정의 이완, 신체의 편안함을 제공하기 위하여 적용된다.

(1) 카펫, 커튼, 가구 등에 스프레이한다.

(2) 리렉싱을 위한 E/O :

제라늄(Geranium), 클라리 세이지(Clary-sage),

레몬(Lemon), 버가못(Bergamot)

(3) 무기력한 일요일 오후 온 가족의 리프레싱을 위한 E/O:

그레이프후룻(Grapefruit), 라벤더((Lavender), 라임(Lime), 바질(Basil)

창문을 닦고 난 후 유리에 남은 흔적을 지우고 싶을 때 : 신문지를 구겨서 레몬, 그레이프후룻와 같은 에센셜 오일을 몇 방울 떨어뜨려 신문에 스며들게 한 후 유리를 닦으면 아로마 향을 뿜어내며 깨끗이 맑은 유리로 닦아진다.

2) 침실(The Bedroom)

로맨틱한 침실을 위해서 또는 편안히 숙면을 취할 수 있는 분위기를 연출하기 위해서 잠들기 전에 준비된 에센셜 오일을 사용하면 된다.

(1) 로맨틱한 열정의 공간으로 연출하기 위한 E/O :

① 일랑일랑(Ylang-ylang), 재스민(Jasmine), 로즈(Rose)

② 긴장을 풀고 숙면을 취하기 위한 E/O

③ 캐모마일(Chamomile), 클라리 세이지(Clary-sage), 라벤더(Lavender)

④ 스프레이를 사용하거나 베갯잇에 두 방울 정도 떨어뜨려서 사용하면 된다.

> **TIP**
>
> 항상 향기로운 침실 분위기를 연출하고 싶을 때는 화장대 서랍, 옷장의 서랍 속이나 코너에 자신이 좋아하는 에센셜 오일을 면이나 솜에 묻혀서 넣어두면 종일 은은한 향이 침실의 분위기를 연출할 것이다. (따로 향수를 사용하지 않아도 됨)

3) 부엌(The Kitchen)

흔히 부엌에서는 여러 가지 냄새들이 만들어지고 있는 장소이다. 빵을 굽거나 커피를 끓이기도 하고 쓰레기와 같은 젖은 음식물의 냄새, 또는 개와 고양이 같은 애완동물의 잠자리가 자리 잡고 있는 장소이기도 하다. 그러한 이유로 여러 가지의 냄새들로 악취를 만들어 낼 수 있는 공간이기도 하므로 적절한 아로마 에센셜 오일을 사용하여 좋은 분위기를 만들어 보기로 하자.

(1) 부엌에서 스프레이로 사용할 수 있는 E/O :

(2) 로즈마리(Rosemary), 라벤더(Lavender), 레몬(Lemon), 유칼립투스(Eucalyprus)

(3) 냉장고, 냉동고, 오븐기를 닦을 때 사용할 수 있는 E/O :

(4) 레몬(Lemon), 라벤더(Lavender), 유칼립투스(Eucalyptus), 클라리 세이지(Clary-sage), 라임(Lime) 등의 에센셜 오일 한 방울을 행주에 직접 떨어뜨려서 사용한다.

시중에 많은 세정제가 나와 있긴 하지만 아로마 에센셜 오일을 이용하여 부엌을 세정하는 것은 세정의 효과와 살균 효과, 또한, 아로마 E/O이 가지고 있는 심리적인 효과(항우울, 기분 고조, 스트레스 완화, 행복감…) 때문이다.

특히 여성들은 부엌에서 해야 할 일들이 많아서 많은 심리적 스트레스를 가지고 있기 때문에 에센셜 오일을 사용하여 무거운 생각을 내려놓게 되는 것이다.

요즘의 식기 세척기는 삶는 기능이 함께 있어서 식기들의 위생 상태가 매우 좋아지고 있긴 하지만 행주 사용에 있어서는 많이 미흡한 상태인 것 같다. 여기에 행주를 세탁기를 사용하기 전에 준비된 볼에 뜨거운 물을 넣고 에센셜 오일(유칼립투스, 타임, 티트리, 라벤더 등)을 한 방울 저온 물에 넣어서 잠시 동안 행주를 담갔다가 헹구어 내면 미세한 세균들까지도 없애는 멸균의 효과가 있다.

보통 아로마 에센셜 오일은 2년이 지나면 치료적 효과나, 미용적 효과를 상실하게 된다. 하지만 뜨거운 물에 사용할 때에는 두 방울의 에센셜 오일을 위에서 아래로 떨어뜨려서 사용하는 것이 좋은 향을 낼 수 있고 안전하게 사용하는 방법이다.

지루한 일상에서 아로마 에센셜 오일을 이용하여 즐거운 마음을 환원하고 좋은 향으로 기분을 고조시킬 수 있으며 세균과 악취가 있을 듯한 부엌에서의 일상도 즐거운 경험이 되었으면 하는 마음이다.

4) 거실

가정에서 에센셜 오일의 사용은 당신의 이미지를 만들어낸다.

적절한 에센셜 오일의 선택과 가족의 옷과 기구 등에 사용될 것을 권유하고 그것이 가족 건강을 지켜주는 일이다.

가구 : 비즈 왁스 30g + 스윗 아몬드 오일 100ml

(적절한 에센셜 오일 : 로즈우드, 시더우드)

5) 욕실

다양한 세정 제품을 사용하여 욕실과 화장실을 청소하고 있지만 건강에 해로운 화학 성분들을 욕실에 있는 동안 흡입하게 되는 것이 불안하게 생각이 들기도 한다.
에센셜 오일을 사용한 욕실의 항균, 세정, 항박테리아 효과의 향을 만들어 보자.
아래의 재료를 물에 희석해서 욕실 청소를 한다

소다 1컵 + 유칼립투스 10방울 + 티트리 10방울 + 클로브 10방울 + 타임 10방울 + 파인 10방울

6) 화장실

식초에 2방울 유칼립투스를 희석해서 변기를 닦고 변기통에 희석 용액을 붓고 10분 후에 물을 내린다.

1. 임산부(pregnancy)

1) 임신과 출산 후의 아로마테라피
(Aromatherapy during pregnancy and childbirth)

오늘날의 여성들은 의학적 기술의 혜택을 줄이고 산모가 가지고 있는 자연적 능력으로 아기를 출산하기를 더욱 선호한다.

2) 임신 중의 인체의 변화

아로마테라피와 같은 홀리스틱 관리는 임신 중에 느낄 수 있는 불편함들을 감소해 주는 요법이기도 하다. 호르몬은 아기의 발육과 건강한 임신을 위한 임산부의 인체의 변화를 가져다 준다. 메스꺼움, 구토, 변비, 가슴이 답답함과 같은 증상은 소화기계의 변화에서 기인된 것이며, 혈관계의 변화에서는 체액 정체로 말미암은 부종과 다리 경련 등을 나타낸다. 혈액량의 증가로 고혈압을 유발하기도 하고 또는 저혈압으로 인한 현기증을 나타내기도 한다. 뱃속의 아기가 자람에 따라 방광의 압박으로 잦은 이뇨감, 염증과 같은 비뇨기계의 이상 현상을 가져온다.

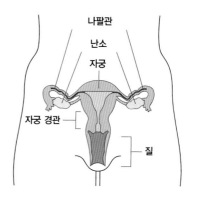

임신 중에는 인대가 늘어나서 조직 간의 결속력이 떨어지게 되므로 요통과 골반 통을 느끼게 된다. 또한, 피부 상태는 이전보다 나빠지거나 둔부, 가슴, 배 부위에 튼살이 생기기도 한다.

정서적으로는 호르몬의 영향으로 인하여 예민하고, 감정적인 경험을 하게 된다. 초보 엄마가 되는 임산부들의 대부분은 아기가 태어남으로 해서 갖게 될 책임감, 사회의 구성원으로서 맞이하게 될 인생, 아기로 인한 몸의 변화와 수입의 절감 등이 이러한 정서적인 부분을 악화시키는 요인이 되기도 한다. 의학적으로는 이러한 모든 증상들은 임신 기간 동안에만 일어날 수 있는 심신의 부조화 현상으로 설명하고 있으나, 중요한 것은 엄마가 되기 위한 준비 작업이라고 할 수 있다.

3) 아로마테라피의 작용

일부 아로마테라피스트들은 임산부 관리가 정서적, 신체적으로 커다란 효과를 가져옴에도 불구하고 임산부 관리하기를 꺼린다. 그것은 임신 중의 여성과 출산 후의 임산부관리에 있어서는 사전 특별한 교육과 경험이 필요하며 조심해서 다루어야 하는 특별한 관

리 방법을 숙지해야 하기 때문일 것이다. 아기가 성장해 가는 첫 12~14주에는 특별히 산모와 아기에게 해로울 수 있는 에센셜 오일들, 에센셜 오일의 사용법과 조제 방법 및 임산부에게 미치는 효과의 한계 등을 정확하게 정리해 나가면서 프로그램을 만들어야 한다. 또한, 충분한 상담과 에센셜 오일의 정확한 평가를 하는 것이 최선의 방법이다.

임산부에게는 임신 중에 아기와 임산부에게 사용되는 에센셜 오일의 종류와 효과 등을 설명하고 관리하는 아로마테라피스트의 전문적 능력을 설명하여 임산부가 아로마테라피의 부작용에 대한 두려움 없이 편안히 협력할 수 있는 믿음을 주는 일이 무엇보다도 중요하다.

4) 입덧(seekness)

어떤 임산부들은 임신 기간 내내 입덧으로 고생을 하기도 하지만, 일반적으로는 임신 첫 12주까지 입덧을 한다. 어떤 냄새들은 임산부의 입덧을 더욱 악화시키기도 하므로 다음과 같은 에센셜 오일을 추천한다.

(1) 페티그레인(Petitgrain) : 항경련, 탈취, 배근육 경련의 진정 작용

(2) 그레이프후룻(Grapefruit): 소화기계의 자극제

(3) 레몬(Lemon) : 소화 기능 촉진, 위장 가스 제거, 해열 작용

(4) 진저(Ginger) : 입덧 방지

(5) 추천 블렌딩

그레이프시드 오일(grapeseed oil) 50ml에 진저(ginger) 3방울, 레몬(lemon) 3방울, 페티그레인(petitgrain) 4방울을 블렌딩해서 팔 안쪽, 손목을 마사지한다.

5) 변비(Constipation)

임신 중에는 흔히 일어나는 증상이다. 식이요법과 함께 유동성 음식을 섭취해야 한다.

(1) 만다린(mandarin) : 소화 작용, 경련

(2) 스윗 오렌지(Sweer orange) : 위장 가스 제거, 경련

(3) 그레이프후룻(Grapefruit) : 강장제, 자극제

(4) 네롤리(Neroli) : 가스 방출과 소화 작용

(5) 추천 블렌딩

　블렌딩(임산부와 노약자는 1/2 블렌딩) 1%로 아랫배 부위를 시계 방향으로 부드럽고 천천히 마사지한다.

6) 소화불량 / 가슴앓이(Indigestion/heartburn)

임신 개월 수가 커짐에 따라서 더욱더 자주 나타나는 증상으로서, 다음과 같은 에센셜 오일을 사용하면 그러한 증상들을 경감시킬 수 있다.

(1) 페티그레인(petitgrain) : 항경련, 탈취

(2) 스윗 오렌지 : 위장 가스 제거, 경련

(3) 진저(Ginger) : 소화 작용, 가스 제거

(4) 샌달우드(Sandalwood) : 경련과 헛배 부름에 유용

(5) 로만 캐모마일(Roman chamomile) : 소화 작용

(6) 라벤더(Lavender) : 경련과 헛배 부름 완화작용, 해독 작용

(7) 추천 블렌딩

　플레인 크림 50g 이나 로숀 혹은 캐리어 오일 50ml에 라벤더 2방울, 스윗 오렌지 4방울, 로만 캐모마일 4방울, 복강신경총(복부의 신경, 혈관이 모여있는 부위)에 적용하여 마사지한다.

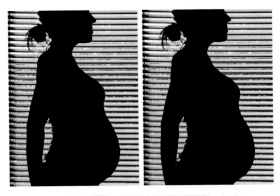

FULL TERM PREGNANCY (fetus at term)

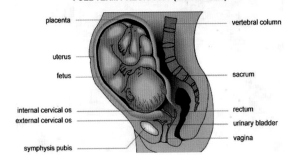

placenta

uterus

fetus

internal cervical os
external cervical os

symphysis pubis

vertebral column

sacrum

rectum

urinary bladder

vagina

7) 불면증/스트레스(Insomnia/stress)

육체적이거나 정서적 표현에서 올 수 있는 원인을 알아내는 것이 중요하다.

다음에 소개되는 에센셜 오일들은 근본적인 원인을 치료할 수는 없지만 이러한 증상들을 완화시키는데 도움을 줄 수 있다.

아로마테라피스트는 고객에게 인체의 이완을 도와주는 호흡법을 가르쳐 드리며 자세히 적용할 수 있도록 설명해 주어야 한다.

(1) 만다린(Mandarin) : 진정 작용, 감정 고조

(2) 샌달우드(Sandalwood) : 진정 작용

(3) 일랑일랑(Ylang Ylang) : 항우울 작용, 진정 작용

(4) 라벤더(Lavender) : 항우울 작용, 해독 작용

(5) 스윗 마조람(Sweet marjoram) : 진정 작용, 원기회복(강장 작용)

(6) 베티버(vetiver) : 진정 작용, 신경성질환 완화

(7) 위기 블렌딩(Crisis blend) : 플레인 크림 50g (단 1주일만 사용 후 다른 블렌딩으로 바꾼다)

  ① 스윗 마조람(sweet marjoram) : 1방울

  ② 라벤더(lavender) : 4방울

  ③ 로만 캐모마일(roman chamomile) : 4방울

  저녁에 팔 안쪽 아랫부분에 적용하여 마사지해 준다.

(8) 일반 블렌딩(General blend) : 50ml의 거품 욕조

  ① 만다린(mandarin) : 5방울

  ② 일랑일랑(ylang ylang) : 5방울

  취침 전 욕조에서 호흡법을 적용하여 전신의 이완을 위해 실시한다.

8) 임신선(Strtchmarks)

임신이 진행됨에 따라 피부 섬유조직의 팽창으로 배 부위에 일반적으로 나타나는 현상이다. 가슴이나 그 밖의 다른 부위에 나타나기도 한다. 네롤리(Neroli)나 만다린(mandarin)은 좋은 연화제이며 라벤더(lavender)는 깊은 자극에도 대응하여 진정시켜 주는 역할을 한다.

■ **추천 블렌딩**

– 50g의 플래인 크림 또는 50ml의 그레이프 시드 오일에

– 4방울 라벤더(lavender)

– 4방울 네롤리(neroli)

– 3방울 만다린(mandarin)

부드럽게 배 부위나 가슴 부위에 적용하여 마사지를 실시한다.

9) 피부발진(Skin rashes)

■ **추천 블렌딩**

50g 플래인 로숀에 10방울 로먼 캐모마일(Roman chamomile) 또는 차가운 캐모마일 티를 냉습포로 사용하여 진정을 시킨다.

10) 비뇨기계 염증(Urinary tract infection)

이러한 증상은 임신 중에 일어나는 일반적인 것으로 임산부는 항상 조산사나 산부인과 선생님들의 주의사항들을 귀담아 들으며 지키려고 한다. 다음의 에센셜 오일들은 임신 중에 경험하게 되는 스트레스를 유발하게 하는 진통을 경감시키는 작용을 한다.

– 로먼 캐모마일(Roman chamomile) : 항경련 작용

– 니아우리(Niaouli) : 살균 작용

– 샌달우드(Sandalwood) : 항경련, 진정, 살균, 소독 작용

– 유칼립투스(Eucalyptus) : 진정, 항바이러스, 살균 작용

– 버가못(Aergamot) : 항경련

■ **추천 블렌딩**

따뜻한 물을 준비한 욕조에 선택한 에센셜 오일 4~6방울을 넣고 우유를 넣어 저어 준다. 또는 국부 세척용으로 2~3방울의 에센셜 오일을 캐리어 오일과 블렌딩해서 사용해도 좋다.

11) 임신 중에는 피해야 될 에센셜 오일들
(Essential oils to be avoided in pregnancy)

특정 에센셜 오일들은 임신 중의 여성에게 부작용을 유발하기도 한다. 몇몇 에센셜 오일들은 일정 기간 내지는 특별한 상황에서만 사용을 금하기도 하지만, 그 밖의 에센셜 오일들은 임신 중에는 전혀 사용을 금하기도 한다. 체내로 유입된 향기 분자가 산모와 아기에게 해로울지도 모르기 때문이다.

혈압을 올라가게 하는 에센셜 오일은 :

- 로즈마리(rosemary)

- 히솝(hyssop)

- 블랙 페퍼(blackpapper)

- 세이지(sage)

특정 에센셜 오일들은 유선을 자극하거나 에스트로겐을 생성해서 임신 중에 일어나는 자연적 리듬을 깨거나 호르몬에 영향을 주어 인체의 교란을 일으킬 수 있기 때문이다.

- 사이프러스(cypress)

- 바질(basil)

- 카제풋(cajuput(Melaleuca leucadendron)

- 레몬 그라스(lemongrass)

- 스위트 펜넬(sweet fennel)

특정 에센셜 오일들은 월경 촉진 작용을 하기도 하여 임신 20주까지는 피해야 하며 또한 임신 초기에는 다음과 같은 오일은 피해야 한다.

- 캐롯(carrot)

- 라벤더(lavender)

- 로먼 캐모마일(Roman chamomile)

- 페퍼민트(peppermint)

임신 기간 중에 임산부나 아기에게 목적과는 달리 해로운 영향을 줄 수 있는
에센셜 오일은 :

- 갈릭(garlic) : 소화기계에 연동 작용을 자극

- 셀러리(celerly) : 강한 이뇨 작용

- 제라늄(geranium) : 강한 이뇨 작용, 항응혈, 호르몬 자극

12) 출산과 이후 (Childbirth and after)

아로마테라피는 출산 시 여성들의 반복
하고 있는 일들과 알려져 있는 심리 과정들
과 연계하여 도움을 줄 수 있다. 아로마테
라피의 적용은 스트레스와 우울증을 경감
시키고, 아기집의 역할과 자궁 수축으로 인
한 불편함을 완화하는 것이 주된 목적이다.

13) 출산의 단계(The stages of labour)

일반적으로 출산은 임신 37주에서 42주 사이에 이루어진다. 시작은 규칙적인 자궁 수
축이 일어나며, 자궁 경부까지 열리기 시작하면 그때가 첫 번째 단계이다. 두 번째 단계
는 아기가 산도를 따라 내려오는 과정이다. 그것이 아기의 탄생이며, 출산이고, 탯줄이
방출되는 마지막 단계이기도 하다.

14) 아로마테라피가 어떻게 도움을 줄까?(How aromatherapy can help?)

아로마테라피의 적용은 임신 37주 동안을 안전하게 보내는 것이다. 출산 과정에서 마사지를 요구하지 않았다면 산모에게 적당한 블렌딩을 솜이나 티슈에 적셔 냄새를 맡게 하여 공포감과 진통을 경감시켜 준다.

15) 요통과 출산 마사지(backache and labour massage)

임신 후기에서 출산하는 동안의 대부분의 산모들은 골반의 통증과 등 아래쪽의 통증을 호소한다. 아래의 블렌딩한 에센셜 오일의 적용은 이러한 통증을 완화시켜 준다.
- 50ml의 그레이프 시드 오일에
- 4방울 라벤더(lavender)
- 3방울 로먼 캐모마일(Roman chamomile)
- 3방울 만다린(mandarin)

16) 모유가 잘 나오지 않을 때(Poor breast milk supply)

재스민은 모유가 잘 나오게 하며, 가슴 마사지로 해준다. 수유를 할 때는 반드시 유두와 가슴에 오일이 남아 있지 않도록 깨끗이 닦아준다.

17) 출생 후 우울증(Post natal depression)

일반적으로 산모들은 출산 후 호르몬의 부조화와 다른 스트레스 요인으로 우울증을 겪게 된다. 이런 종류의 우울증은 진정을 시키는 의미보다는 어떤 긴장된 분위기를 필요로 한다. 적당한 에센셜 오일은 :
- 버가못(bergamot)
- 제라늄(geranium)
- 멜리사와 로즈(melissa and rose)

이러한 증상들은 출산 후에 겪는 아주 약간의 일반적인 불편함일 수 있다. 숙고하여 에센셜 오일을 선택해서 정서적, 육체적 평안함을 얻는 것이 필요하다. 새로이 엄마로서 많은 다른 감정적 단계를 겪으면서 새로운 역할을 감당해 나가야 할 것이다. 이렇듯 아로마테라피는 여러 가지 방법으로 임산부와 산모들에게 힘을 주고 있다.

2. 어린이(Children)

어린이는 에센셜 오일을 사용할 때 어른의 1/2%로 블렌딩한다.

6개월~2세 : 10ml 베이스 오일에 1방울 에센셜 오일

2~5세 : 10ml 베이스 오일에 2방울 에센셜 오일

5~10세 : 10ml 베이스 오일에 3방울 에센셜 오일

10세 이상 : 10ml 베이스 오일에 5방울 에센셜 오일

부모님과 함께하는 특별한 시간에 아로마테라피 마사지를 위한 블렌딩

30ml 스윗 아몬드 오일에

잠자는 시간 : 4방울 라벤더+ 2방울 로먼 캐모마일

기분 전환 : 3방울 레몬+ 2방울 페티그레인

천사 : 3방울 로즈오또 + 2방울 네롤리

휴식 : 2방울 페티그레인 + 3방울 네롤리

3. 노인(Eldery care)

노인들의 수 명연장과 함께 노화와 관련된 질병의 문제들을 아로마테라피 에센셜 오일을 적용하여 나타나는 효과와 적용 방법을 알아보기로 한다.

노인들의 평균 수명이 점차 높아지고 있다. 1990년대에만 해도 평균 수명은 49세였으나 1960년대에 들어서면서 70세로 높아졌다. 의학의 발전과 영양 상태의 향상 및 고된

육체적 노동의 저하에 따라 사람들은 오래 살고, 이제는 70~80대까지도 건강하고 활동적으로 생활하게 되었다.

19세기 초기를 배경으로 하는 톨스토이의 《전쟁과 평화》에서는 한 노부인을 이렇게 묘사했다. "백작부인은 60세가 넘었다. 머리는 희고 그녀의 얼굴처럼 주름이 잡힌 모자를 쓰고 있다. 그녀의 얼굴은 주름졌고 윗입술은 가라 앉았으며 눈은 움푹 꺼졌다." 하지만 오늘날의 60대는 활동적이고 건강하며 매력적이고 생기가 넘친다.

수명의 연장과 함께 노화와 관련된 질병 및 문제가 늘어났고 그에 따라 여러 가지 부작용을 피할 수 있는 방법에 대한 관심이 급증했다. '노화 방지'에 대한 수많은 책이 출판되었고, 가게마다 젊음을 약속하는 제품들이 채워지고 있다. 에센셜 오일의 노화 방지 효과가 지속적으로 연구되고 있으며, 임상을 통한 논문도 발표되고 있다.

1) 노화의 영향(The effects of Aging)

나이가 들면서 우리 몸속의 세포 조직과 장기에는 여러 가지 변화가 일어나고, 그 결과 신체 체계가 느려지고 모든 기관의 기능이 저하된다. 가장 눈에 띄는 변화로써 피부가 탄력을 잃고 주름지게 되는 것은 피부와 피하조직이 얇아지기 때문이다. 피부가 얇아지게 되면 추위도 더 잘 느끼게 되고 멍이 들거나 상처를 입기도 쉬워진다. 표피 아래에 있는 다른 조직도 역시 얇고 약해진다. 뼈는 여러 가지 호르몬의 감소와 무게를 지탱해주는 관절의 퇴화로 부러지기 쉬워지며 척추 원반이 얇아짐에 따라 허리가 굽게 되어 키

가 줄어들고, 근육 조직의 감소로 근력도 줄어들게 된다. 다른 신체 체계도 탄력이 줄어들고 변화에 적응하기 힘들어진다. 폐가 탄력을 잃기 때문에 혈액 내 산소량이 줄어들고 동맥이 굳어지며 이는 심장질환의 위험을 가져온다. 교감신경계의 효율성이 떨어지고 혈관을 수축시키는 섬유질은 제때 반응하지 못하게 되며 게다가 하체로 피가 몰려 많은 노인들이 갑자기 일어나면 어지럼증을 느끼게 된다.

감각은 점점 정확성을 잃게 된다. 예를 들어 많은 노인은 원시이기 때문에 작은 글자를 읽기 힘들어한다. 노인에게 나타나는 흔한 시각 질환으로는 백내장과 녹내장이 있다. 큰 소리로 인해 귀에 손상을 입게 되면 귀가 멀 수도 있다. 많은 노인이 미각과 후각의 기능이 저하되고 있다고 불평을 한다.

면역 체계는 병원체와 싸워 이겨내기에 덜 효율적이게 되는데 그 이유는 체내에 유용한 호르몬이 감소하고 림프 기능이 감퇴하기 때문이다. 이는 폐 기능의 퇴화와 결합하면 호흡기 감염으로 이어질 수 있으며 증상이 오래가고 심각하게 된다. 또 다른 흔한 감염으로는 나이가 들면서 신장의 기능이 감퇴하고 방광이 작아지기 때문에 생기는 요로 감염이 있다.

신체 대사량은 점점 줄어들고 그로 인해 입맛을 잃게 되서 대장이 근 긴장이 풀어지게 됨에 따라 소화 문제가 발생한다. 노인들은 주로 운동을 덜 하는데 소화와 배설은 부분적으로 골격근 수축과 관련이 있기 때문에 운동을 하지 않으면 이런 문제들을 심화시킬 수 있다.

2) 조기 노화(Premature Ageing)

어떤 사람들은 30~40대에 불과한데도 비만, 흡연 혹은 운동 부족으로 20년은 더 늙어 보인다. 이와 반대로 어떤 노인들은 건강한 생활 방식과 열정, 예리함을 지니고 있어 실제 나이보다 훨씬 젊어 보이기도 한다. 따라서 노화는 반드시 연령에 비례하는 것은 아니라고 할 수 있다. 노화는 일상생활, 스트레스 정도, 세계관 등도 반영되는 것이다. 건강하게 늙는 법에 관한 앤드류 웨일 박사와의 최근 담화에는 모든 생물은 변화하고 결국은 죽게 되어 있으므로 노화는 피할 수 없는 것임을 강조했다. 중요한 것은 나이가 들어감에 따라 건강과 활력을 최대한 오래 유지시키고 노년을 두려워하는 것이 아니라 즐기는 것이다.

조기 노화를 일으키는 요인으로 다음과 같은 것이 있다.

(1) 스트레스 : 스트레스는 투쟁-도피 반응을 불러일으키고 몸에 아드레날린을 분비시키므로 부신을 고갈시키고 결국은 몸 전체를 지치게 만든다.

(2) 부적절한 식단 : 당분, 알코올, 카페인, 정크 페스트 푸드가 몸의 정독 기관 및 배설 기관에 무리를 줄 수 있고 그로 인하여 신체 체계 전체에 손상을 입게 된다. 과체중이나 저체중 모두 노인의 건강에 큰 영향을 미칠 수 있다.

(3) 흡연 : 신체 내 산소량을 감소시키고 많은 기관계의 손상을 초래하며 세포 조직의 치유를 저하시킨다. 흡연과 음주는 모두 뼈의 손상을 가속화한다.

(4) 운동 부족 : 신체 활동은 일부 만성 질환의 위험을 낮춰 주고 유동성 및 독립적 생활을 유지할 수 있게 해준다. 또한, 심혈관계 건강, 폐활량, 림프액의 흐름, 배설을 도와주며 신체의 전 기관에 긍정적인 영향을 미친다.

3) 아로마테라피가 노인에게 미치는 영향
(How Aromatherapy Affects Older Adults)

나이가 든 사람(75세 이상)에게 아로마테라피를 사용할 때에는 안전을 위해 고려해야 할 사항이 몇 가지 있다.

(1) 피부 구조의 변화로 흡수성이 감소되고, 자극에 덜 민감할 수도 있다. 그러나 그렇다고 해서 더 강한 농도로 블렌딩해야 하는 것은 아니다. 나이가 많으신 고객들은 에센셜 오일이 뇌나 혈류에 미치는 영향에 더 민감하고 따라서 75세 이상의 고객들에게 사용하는 희석액은 전반적인 건강 상태에 따라 농도가 약해야 한다.

(2) 신장이 예전처럼 효율적으로 기능하지 못하므로 많은 양의 에센셜 오일 성분을 받아들이지 못할 수 있다. 이 또한 너무 많은 양의 에센셜 오일을 투입하거나 강한 희석액을 사용해서는 안 되는 이유이다.

(3) 생활 방식, 스트레스 정도, 전반적인 건강 상태에 따라 사람마다 다른 속도로 노화가 진행된다. 건강하고 활동적인 80세 노인이 지병이 있고 생활 방식이 건강하지 못한 65세 노인보다 더 농도가 강한 에센셜 오일을 잘 견뎌낼 수도 있다.

아로마테라피는 심각하지 않은 지병을 많이 가지고 있으면서 노인들이 주로 장기적으로 복용하는 약과 다른 가벼운 치료법을 원하는 고객에게 유용하게 쓰일 수 있다. 에센셜 오일은 마법 같은 치료제는 아니지만 노화와 관련된 많은 증상을 완화시키는 데 도움이 될 수 있다. 홀리스틱 아로마테라피의 창시자이자 노화의 원인에 커다란 관심을 가졌던 마거레트 모리 여사는 "우리는 병의 공격을 받거나 약해지고 노쇠해지면 향기 물질의 도움을 구하죠. 이런 경우보다 향기 물질이 더 믿을 만했던 적도 없다."라고 말했다.

4) 노화로 인한 일반적 문제(Common problem of Aging)

모든 사람은 나이가 들면서 서로 다른 건강 문제를 경험하게 된다. 이런 문제들은 주로 오래된 상처나 질병으로 인해 생긴 신체상의 약한 부위나 특정한 지병에 대한 유전적인 소인으로 인한 것이다. 예를 들어 스키 사고로 무릎을 여러 번 다친 사람은 그 부위에

퇴행성 관절염이 생길 확률이 더 높다. 마찬가지로
아버지나 삼촌이 전립선암을 앓은 사람이 있다면
그 사람도 나이가 들면서 같은 병을 얻게 될 위험이
다른 사람보다 높다. 나이가 든 고객들은 개인력,
가족력에 상관없이 흔히 많은 지병으로 고생한다.
이러한 지병들은 관절염, 고혈압, 심장병, 치매, 면
역성 저하 등이 있다. 아로마테라피로 개선할 수
있는 다른 건강 문제에 대해서 알아보기로 하자.

5) 부상과 느린 치유(Injury and slow healing)

나이가 든 사람들에게 부상은 더 심각한 영향을 끼친다. 노인들은 치유가 느리고 그로 인
해 세균 감염의 위험도가 높아지며 약해진 면역 체계는 이에 잘 대응하지 못할 수 있다.

(1) 원인과 증상

신체의 다른 기능과 마찬가지로 회복 기능 역시 나이가 들면서 느려진다. 피부 속
의 모세혈관도 기능이 저하되었고, 완충 작용을 하는 피하조직도 얇아져서 타박상을
입기가 쉬워지고 상처가 치유되는 데도 점점 오랜 시간이 걸리고 피부 재생 능력도
점차 느려진다. 노인들에게 자주 처방되는 약 중 항응혈제와 같은 혈액이 응고되는
것을 막아 이런 문제를 일으키기도 한다. 또한, 노인들은 의료 검사나 수술을 더 많이
받는 경향이 있으므로 이때 절개나 혈압계, 정맥 치료 등이 타박상이나 흉터를 남긴
다.

(2) 에센셜 오일

상처 치료에 에센셜 오일을 사용하기 시작한 것이 현대 아로마테라피의 시초가 되
었다. 대부분의 에센셜 오일은 향균작용을 하므로 세균 감염 가능성을 줄이는데 도
움이 된다. 라벤더(학명 Lavandula angustifolia), 캐모마일 저먼(학명 Matricaria
italicum), 프랑킨센스(학명 Boswellia carteri), 미르(학명 Commiphora myrrha), 헬

리크리숨(학명 Helichrysum italicum), 네롤리(학명 Citrus aurantiumam, amra 품종) 등도 모두 유용하다. 성요한 초(학명 Hypericum perforatum)와 칼렌듈라(학명 Calendular arvensis) 역시 외상 치료 효과가 있어 에센셜 오일의 캐리어 오일로 사용한다.

호주인 아로마테라피스트 론 구바는 에센셜 오일의 상처 치료 효율성을 실험하기 위해 멜버른에 있는 6개의 요양소에서 1995년 12월부터 5월까지 연구를 진행했다. 그는 블렌딩한 에센셜 오일을 정맥 궤양, 욕창, 표피 찰과상 부위에 사용했다. 요양소 직원 모두가 에센셜 오일이 확실히 치유 시간을 줄였다고 공감했고, 상처 난 피부가 완전히 낫는 데는 평균적으로 14.5일이 걸렸다.

아로마테라피에서는 전통적으로 타박상에 혈액을 이동시켜 주고 항염 효과가 있는 헬리크리섬(학명 Helichrysum italicum), 펜넬(학명 Foeniculum vulgare), 히숩(학명 Hyssopus officinalis) 등이다. 로즈마리(학명 Rosmrinus offcinalis)를 쓴다. 미국인 아로마테라피스트 도나 로나는 타박상이나 주사바늘로 인한 상처 등 병원에서 생긴 팔 외상을 치료하기 위해 에센셜 오일에 대해 비공식적으로 연구를 했다. 그녀는 "일반적인 타박상은 상당히 많이 좋아졌고 주사바늘로 인한 상처도 흉터가 남지 않고 빨리 치유되었어요. 경험이 부족한 사혈 의에 의한 타박상은 며칠, 몇 주가 아니라 몇 시간 만에 치유되었죠. 안정과 전반적인 불안함의 감소의 효과도 확인해 주었습니다."라고 말했다.

(3) 적용 방법

상처 치유를 위해서는 에센셜 오일을 로션이나 캐리어 오일과 블렌딩해서 벌어진 상처 부위가 닫혔을 때 바르는데 고객의 나이와 건강 상태, 상처의 크기에 따라 5~25%로 사용한다. 심각한 타박상의 경우에도 나이와 건강 상태, 상처의 크기에 따라 5~20% 희석시켜 차가운 압박  붕대 밑에 적용한다. 상처의 완치를 더 빠르게 하려면 며칠 뒤 2~3% 희석액을 가볍게 마사지하며 적용한다.

6) 요로 감염증(Urinary Tract Infections)

방광과 요로의 감염을 합쳐 부르는 말인 요로 감염증(UTI)은 꽤 흔한 질병으로 엄청난 통증과 불편함을 동반한다. 신장에 손상을 입을 수 있으므로 조기치료가 중요하다.

(1) 원인과 증상

대부분의 UTI는 대장균에 의해 발병하는데 주로 대장에 서식하는 박테리아이다. UTI를 일으키는 요소는 알려지지 않았으나 일부 사람들은 UTI에 더 잘 걸린다. 일반적인 위험 요소로는 신장 결석, 전립선 비대, 카테터, 당뇨, HIV/에이즈 등 면역 억제 질병과 같이 소변의 흐름을 방해하는 것들이 있다. 이 요소 중 많은 수가 노인들에게서 흔히 나타나며 UTI 또한 노인층에서 더 흔하다. 증상으로는 항상 소변이 마렵고, 요로에 통증 또는 화끈거림을 느끼고 소변이 탁하거나 혈흔이 나타나며 일반적인 병증이 나타나는 것 등이 있다. 열, 허리 아랫부분의 통증, 메스꺼움, 구토 등은 감염이 신장까지 퍼졌음을 의미한다.

(2) 에센셜 오일

아로마테라피는 UTI 증상을 치료하거나 차후 감염을 피하는 데 효율적으로 사용될 수 있다. 하지만 UTI에 감염된 고객은 즉시 의사에게 진단과 치료를 받을 필요가 있다. 조금이라도 감염을 치료하지 않은 채로 방치하면 심각한 건강 문제를 불러일으킬 수 있기 때문이다. 아로마테라피에서는 요로 감염을 치료하고 예방하는데 다양한 에센셜 오일을 사용하고 있다. 에센셜 오일은 효율적인 항균 효과 및 항염 효과가 뛰어나며, 피부와 점막에 부드럽게 스며드는데 이는 신체의 섬세한 부분을 치료하는 데 아주 좋다. 이런 작용을 하는 에센셜 오일로는 티트리(학명 Melaleuca alternifolia), 샌달우드(학명 Santalum album), 라벤더(학명 Lavandula angustifolia), 제라늄(학명 Pelargonium graveolens), 미르(학명 Commiphora myrrha), 헬리크리섬(학명 Helichrysum angustifolia), 주니퍼(학명 Juniperus communis) 등이 있다.

(3) 적용 방법

예방을 목적으로 할 경우 허리 아랫부분과 아랫배에 3~5% 희석액으로 마사지한

다. 블렌드된 에센셜 오일을 집으로 가져가 같은 방법으로 사용하게 해도 좋다. 치료나 예방을 위해서는 집으로 가져가 목욕 혹은 좌욕 시 사용하게 하며 목욕 시에는 10~15방울, 좌욕 시에는 5~8방울을 사용한다.

7) 당뇨병(Diabetes)

오랜 시간 동안 노인의 문제라 여겨져 왔던 당뇨병이 이제는 모든 연령대에서 나타나는 주요 건강 문제가 되었으며 심지어 아이들에게서도 나타나고 있다.

(1) 원인과 증상

당뇨병은 체내에서 대사 작용 및 당분 소모 기능을 하는 호르몬인 인슐린의 부족으로 인한 질병이다. 당뇨병에는 두 가지 종류가 있다. 첫번째는 유전적인 것으로 주로 아동기에 나타나며 신체가 인슐린을 충분히 만들어 내지 못하기 때문에 발생한다. 타입 2는 가장 흔한 형태로 신체가 인슐린 생산을 중지하거나 세포가 혈액 내 인슐린을 사용하지 못할 때 발생한다. 두번째는 당뇨는 주로 나이가 든 사람에게서 발병하기 때문에 주로 어린이나 젊은 층에서 나타나는 첫번째와 구분하기 위해 성인형 당뇨라고 일컬어져 왔다. 성인 당뇨의 주요 원인으로는 유전적 소인, 부적절한 식단, 과체중, 운동 부족 등이 있다. 인슐린의 부족으로 혈액 내에 남아 있는 포도당(당분)은 신체 세포에 영양이 부족하게 만들고 이로 인해 심장병, 실명, 신경계 손상, 신장 손상 등 심각한 합병증을 불러일으키게 된다. 다리의 혈액순환이 되지않아서 괴사나 괴저가 발생할 수 있다.

(2) 에센셜 오일

성인형 당뇨에 실제로 효과적인 치료법은 인슐린 공급이나 당분과 포화지방산을 낮춘 식단 및 운동 등 생활방식을 바꾸는 것뿐이다. 그러나 아로마테라피는 당뇨 합병증에 도움을 주고 환자에게는 좋은 보조 방법이 될 수 있다. 당뇨환자의 합병증을 예방하기 위해서 에센셜 오일을 가장 효율적인 방법으로 적용하는 것은 세포 조직을 건강하게 유지할 수 있도록 심장에서 자장 먼 신체 부위까지 혈액순환을 증진시키는 것이다.

로즈마리(학명 Rosmarinus officinalis), 진저(학명 Zingiber officinale), 블랙 페퍼(학명 Piper nigrum), 주니퍼(학명 Juniperus communis), 그 외 발적제 등이 이에 효과적이다. 이러한 오일들은 따뜻하고 미세하게 자극을 주어 특정 부위에 혈액이 몰리게 하여 국소적 순환을 강화시킨다. 러시아에서는 흰색이나 노란색 테레빈유(주로 소나무에서 얻는다.)를 목욕 시에 사용하는 것이 인슐린 의존형 당뇨병 환자의 모세혈관 혈액 흐름에 효과적임이 입증되었다.

(3) 적용 방법

당뇨 환자에 있어 마사지는 말초부의 혈액순환을 증가시키고 조직 건강을 향상시켜 준다는 점에서 매우 중요하다. 전신 마사지에 2~3% 희석된 에센셜 오일을 사용한다. 전신욕이나 족욕 역시 혈액순환을 돕는다. 전신욕에는 10방울, 족욕에는 4~7방울을 사용 한다. 80세 이상이나 허약한 고객에게는 에센셜 오일의 함량을 줄여야 한다. 조직 손상이나 감각 마비가 있을 시에는 딥 마사지나 극단적인 온도의 수 치료법은 금지하고 부분적 손상, 궤양, 괴저 및 이와 비슷한 증상들은 마사지를 금기한다.

8) 소화계 질환(Digestive disorder)

소화계 관련 문제는 노년층에서 흔히 나타나는 증상으로서 충분한 양의 음식을 섭취하지 못하거나 제대로 음식을 소화하지 못하게 되면 다른 건강 문제를 악화시킬 수도 있다.

(1) 원인과 증상

노년층에게 나타나는 소화계 질환의 가장 흔한 이유는 대사 작용의 둔화로 인해 음식을 소화하기가 힘들어지는 것이다. 이 시기에 과체중이 되는 사람들이 있는데 이는 칼로리 소모가 느려지기 때문이거나 신체 활동량이 줄어들어서이다. 혹은 대사 율의 저하로 인해 입맛을 잃게 되어 적정량의 음식을 섭취하지 못하게 되는 수도 있다. 그런 경우에는 신체가 마르고 약해진다. 변비도 흔해지는데 이는 창자가 근 긴장을 잃고 신체 활동이 줄어들기 때문이다.

(2) 에센셜 오일

변비에는 전통적으로 펜넬(학명 Foeniculum vulgare), 로즈마리(학명 Rosmarinus officinalis), 블랙 페퍼(Piper nigrum), 진저(학명 zingiber officinale), 마조람(학명 Origanum majorana) 등이 쓰인다. 이런 에센셜 오일은 연동운동에 도움이 되며 이에 따라 조금씩 혈액순환도 증가하고 신진대사도 활발해진다. 다른 효율적인 에센셜 오일로는 입맛을 돋우어 주는 페퍼민트(학명 Mentha piperita), 진저(학명 Zingiber officianle), 카다몸(학명 Elletria cardamomum), 펜넬(학명 Foeniculum vulgare) 등이 있다.

(3) 적용 방법

1~2% 희석된 에센셜 오일을 복부나 허리 아랫부분에 마사지하며 바르는 것은 변비에 매우 효과적이다. 만성 변비의 경우 고객에게 복부 마사지하는 방법을 알려주고 집에서 사용할 수 있도록 블렌딩한 에센셜 오일을 드린다. 신진 대사를 활발하게 하기 위하여 1~3% 희석된 에센셜 오일을 전신 마사지에 사용할 수 있다. 입맛을 돋우기 위한 에센셜 오일은 집에서 규칙적으로 온종일 사용할 수 있도록 스프리처(분무기)에 담아드리는 것이 좋다.

9) 피로(Fatigue)

많은 노인은 일반인보다 활력이 떨어진다. 노화의 일부인 피로감은 에센셜 오일로 증 상회복을 할 수 있다.

(1) 원인과 증상

나이를 불문하고 피로감을 느끼는 가장 큰 이유 중 하나가 불면증이다. 많은 사람이 나이가 들면서 선잠을 자는 경우가 늘어나고 쉽게 잠에서 깨며 하루에 5~6시간 이상 자기가 힘들어지는 등 수면과 관련된 문제점을 호소한다. 그들은 몸을 가누지 못할 정도로 피곤하고 잠을 잘 잤을 때보다 정신이 흐려진다. 얕고 짧게 잠을 자게 되는 것에 대한 이유는 아직 잘 밝혀지지 않았으나 그 원인은 복합적이다. 그중 하나는 신체적 활동량의 감소이다.

(2) 에센셜 오일

아로마테라피는 불면증을 치료하는데 있어 종전의 진정제와 같거나 훨씬 나은 효과가 있다는 것이 입증 되었다. 노인 환자에게 이루어진 한 연구 결과를 보면 불면증에 라벤더를 사용하는 것이 안정효과가 있으며 무기력함을 훨씬 덜 느꼈다고 한다. 라벤다를 사용한 노인 환자에 대한 다른 연구에서는 밤 중 수면 효과는 조금 좋아졌을 뿐이지만 낮 동안 정신 상태는 훨씬 좋아졌다고 한다.

수면에 도움을 주는 다른 에센셜 오일로는 로먼 캐모마일(학명 Chamaemelum nobile), 로즈(학명 Rosa damascene), 만다린(학명 Citrus reticulate), 프랑킨센스(학명 Boswellia carteri) 등이 있다.

(3) 적용 방법

신경을 안정시켜주는 효과가 있는 오일을 사용하는 가장 좋은 방법은 잠자리에 들기 전에 잠깐 냄새를 흡입하는 것이다. 목욕 시에 몇 방울을 사용하거나 디퓨저 혹은 스프리처를 사용할 수도 있고, 아니면 간단히 베개 밑에 에센셜 오일 몇 방울을 떨어뜨린 티슈를 넣어 두는 방법도 있다. 정신적, 신체적으로 많이 약해지신 노인들에게 아로마테라피가 약해진 심신을 안정시켜 드리며 활력을 불어넣어 드림으로써 남아 있는 삶을 건강하고 활기차게 해드릴 수 있는 건강 요법으로써 다양하게 적용되기를 기대한다.

4. 아로마테라피와 함께하는 다른 대체 요법들

아로마 요법은 대체 요법으로 널리 사용되고 있다. 그 외에 사용이 잘 알려져 있는 보조 요법들을 알아보기로 한다. 여러 가지 대체 요법 중에 아로마테라피는 많은 관심을 갖고 적용되고 있다. 다른 많은 종류의 치료 요법에 아로마에센셜 오일의 사용이 잘 알려진 경우를 간단히 요약해 보자.

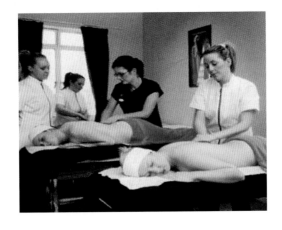

1) 침술

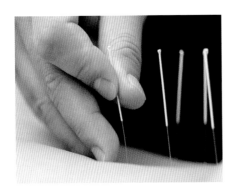

고대 중국의 치료로서 점점 더 많이 서양에서 사용되고 있다. 침술은 아주 작은 바늘을 이용하여 통증 완화와 치유를 증진하는 지점의 피부에 투입하는 것이다. 이러한 지점들은 채널(에너지 통로)이라고 한다. 에너지의 흐름이 차단되면 에너지가 통과하지 못하는 지역에 질병이나 약화가 일어난다. 바늘은 이러한 정체를 소통시켜 주며 신체가 스스로 치유하는 능력을 갖게 도와준다.

2) 알렉산더 요법(Alexander technique)

알렉산더 요법은 신체가 어떻게 사용되는지에 대한 자세와 인지에 따라 치유와 더 나은 건강을 활성화한다. 두통과 요통에 유용하다. Frederick Mathias Alexander는 배우이면서 자세가 목소리를 잃지 않게 한다는 것을 발견하면서 관심을 갖고 이 기술을 개발했다.

3) 바흐 플라워 요법(Bach flower remedies)

Edward Bach 박사는 동종 요법(Homeopath) 의사로 전통적인 의술과 질병을 자연적인 방법으로 치료하는 동종 요법을 거부하였다. 그는 물과 알코올을 식물에 주사하여 38가지 치료법을 개발하였는데, 이것은 교외에서 그가 연구한 것에 기초하고 있다. 이 치료의 목표는 종종 신체적 문제로 발전하는 정신과 정서적 문제를 다루는데 있다.

4) 보웬 요법(Bowen technique)

Thomas A Bowen이라는 호주 사람에 의해 개발된 이 기술은 부드럽게 조직을 움직이는 것으로 신체 전체의 균형을 다시 잡는데 그 목표가 있다. Bowen의 기술을 시술하는 전문가들은 근육의 긴장과 스트레스를 느낄 수 있고 이러한 요법으로 증상을 완화시킬 수 있다. 가볍게 돌리는 동작은 신체의 에너지 흐름을 자극, 촉진한다. 이것은 마사지나 조작이 아닌 신체를 부드러운 움직이는 가운데 신체가 스스로 치유하는 힘을 갖게 도와주도록 하는 것이다.

5) 카이로프락틱(Chiropractic)

척추 교정사는 특별히 척추의 통증을 완화하기 위해 신체의 관절을 관리한다. 가끔은 이러한 통증은 척추의 기능 이상에서 원인이 되는 것이 아니라 신경에 문제가 되어 발생한다는 기초에 근거를 두기도 한다. 그래서 중추신경계를 관장하는 척추가 치료의 중심이다. 요통과 목 통증 그리고 두통에 유용하다.

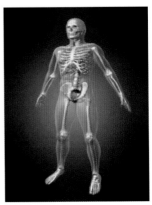

"it's like a day spa for your spine"

Experience the difference that Adelaide's finest Chiropractic clinic can make to your health & wellbeing.

6) 약초학(Herbalism)

Herbalism은 전체 식물로 허브 치료법을 만든다. 고대 전통적인 의학이며 오로지 지난 300년 동안 전통의학으로 자리 잡았다고 간주되어 진다.

7) 동종 요법(Homeopathy)

동종 요법은 같은 것은 같게 치료한다. 미량의 박테리아, 바이러스 혹은 문제의 원인이 되는 물질로(예를 들면 고양이 털에 대한 알레르기는 고양이 털을 사용함) 이에 대한 저항이나 면역 문제를 치료한다. 동종 요법과 아로마치료는 서로 반대로 작용하므로 양립하기 어렵다. 많은 종류의 동종 요법은 강한 냄새가 치료의 효과를 줄이므로 냄새로부터 떨어져 사용하고 보관한다.

8) 홍채학(Iridology)

환자의 홍채(눈의 색깔을 나타내는 부분) 변화에 대한 연구에 따라 홍채 연구자들은 신체적 정신적 문제를 진단할 수 있다.

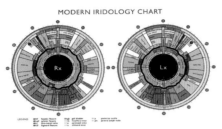

9) 운동 요법(Kinesiology)

운동 요법은 근육과 에너지 흐름의 발견을 테스트하는데 중점을 두고 있는 전인적 치료이며, 이에 따라 모든 단계의 불균형을 초래한다. 화학적, 에너지적, 신체적, 정신적 다른 자세와 팔다리에 압박을 가함으로써 운동 요법은 신체의 에너지 차단이 있는지 결정하고 이것을 교정하기 위해 단단한 압박을 가한다. 운동 요법은 예방적이며 다른 보조 치료와 같이 사람 전체를 치료하는데 그 목적을 둔다.

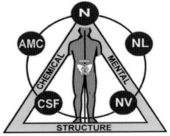

10) 오스테오파티(Osteopathy) 접골

척추 교정과 마찬가지로 오스테로파티는 신체구조와 기능이 상호의존적이라는 데에 기초한다. 만약 구조가 손상되면 그 기능이 영향을 받는다. 관절과 뼈를 관리하여 구조적인 문제가 교정되면 신체 기능이 증진할 것이다. 이것은 아로마 마사지의 보조 요법으로 종종 사용된다.

11) 물리 요법(Physiotherapy)

물리 요법은 경직된 근육의 이완과 신체적 통증을 완화하기 위하여 신체적 운동, 마사지나 지압의 형태로 행하여진다. 가끔은 질병 또는 사고로 인한 수술 후의 신체의 재활을 위하여도 적용고 있다.

12) 레이키/영혼의 치유 (Reiki/spiritual healing)

레이키는 일본에서 우주의 생명력을 의미하며 레이키 치유자들은 환자/혹은 대상자에게 채널을 통해 우주의 에너지를 전달한다. 손을 어떤 자세(모양)로 신체의 다른 부분에 사용함으로써 치료자는 우주의 에너지를 신체의 에너지로 끌어당겨서 치유를 증진하고, 균형과 안정을 갖게 한다고 한다.

13) 반사학(Reflexology)

발 반사 요법은 모든 이에게 적용이 되며 특히 발은 우리 인체의 오장육부와 연결되어 있는 전신의 지도로서 약해져 있거나 병이 난 부위에 적용을 한다. 발에는 신체 조직과 기관을 나타내는 점(points)과 영역(zones)이 있다. 이러한 지점을 지압하여 거기에 맞는 기관이 영향을 받는다. 예를 들면 엄지발가락 끝을 지압하여 뇌에 반응을 일으키고, 뇌에 문제가 있으면 엄지발가락에 증상이 나타나게 된다. 발의 지압점과 다른 신체 부분의 관계는 반사 작용에 의해 잘 알려져 있다. 훈련된 반사 전문가는 손가락이나 엄지를 이용하여 각각의 부위를 지압하여 문제 영역을 찾아낸다. 그리고 강한 압은 신체의 상응 부위를 자극하여 더 나은 치료 효과를 기대하기도 한다. 반사 학은 동종 요법과는 달리 아로마테라피와 함께 사용하는 것이 적합하며, 몇몇 전문가들은 마사지를 하는 동안 반사학 테크닉을 사용한다.

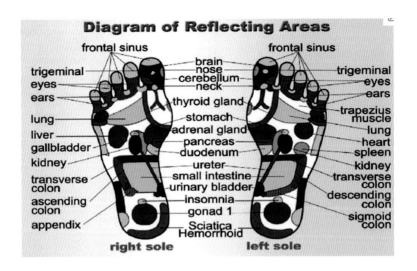

14) 시아추(Siatsu)

시아추는 지압의 형태로 손가락이나 엄지를 사용하여 경락의 혈점(에너지 채널)을 자극하여 통증을 완화시키고 신체의 자가 면역력을 향상시킨다. 이지압의 포인트는 침술에서 사용되는 지점과 같다.

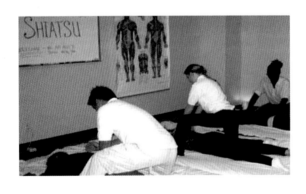

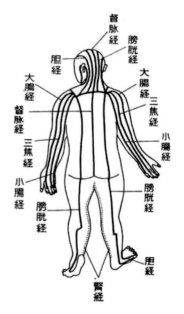

15) 요가/명상(Yoga/meditation)

요가와 명상은 우리 몸에 나타나는 장점과 전인적 치료로서의 효과가 자가 치료에 매우 유용하다. 이것은 사람들에게 신체와 마음을 조절할 수 있도록 가르친다. 요가는 신체의 여러 가지 동작을 통해서 이완 기법과 숨 쉬는 연습을 하는 육체적 운동이다. 명상은 다른데(촛불과 같은 시각적인 것) 초점을 두고 사람들을 안정시키고 자신의 내면의 중심을 찾게 해준다. 명상은 짧은 수면의 효과, 즉 육체가 치유의 기전으로 들어가고 수면을 취하는 동안의 재충전 모드로 변하여 근육의 이완과 혈액순환의 촉진으로 더 큰 심리적 효과를 가져다준다.

5. 아로마테라피와 아유르베다 도샤의 적용
(Aromatherapy and the Correction or Dosha of Ayurveda)

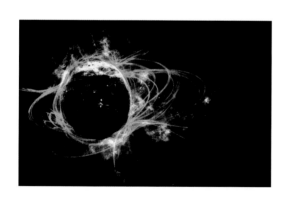 

신체를 정화시키고 유지시키는 마사지를 아유르베다식 체질 분석법과 그것을 통한 체질과 성격, 처방 과정, 진단을 가지고 에센셜 오일을 이용한 치료에 대해서 소개하려 한다.

사회 경제적 성장과 더불어 건강과 생활에 대한 관심이 급부상하면서 경제 활동에 전념하던 시대에 비하여 자신의 건강과 생활 특히, 양질의 생활을 누리려는 경향이 뚜렷하게 두드러졌다. 우리나라에서도 동양 문화권에서 중국의 영향을 받아 독자적으로 발전한 한의학과 근대 이후 서양 문물의 유입으로 도입된 양의학의 발달로 이제 남녀 평균 연령이 80세를 바라보는 고령화 사회가 되었다. 그러나 급격한 고도성장은 사람의 체질에 영향을 주었으며, 현대 경제성장에 따른 식습관의 변화와 주거 환경의 변화. 과도한 스트레스, 육체 노동의 감소에 따른 운동 부족, 산업화에 따른 대기오염 등과 같이 우리를 둘러싼 생활에서 오는 요인들로 인하여 과거에 존재하지 않았거나 발병 정도가 낮았던 질병들이 우리의 건강을 위협하고 있다.

1) 생활 과학인 아유르베다(Ayurveda, The science of Life)

아유르베다는 고대 인도의 과학, 종교, 철학이다. 삶에서 부딪치는 모든 것들을 신성하게 여겼으며 아유르는 '장수', 베다는 '지식'이라는 뜻으로 생명(건강)과학을 의미한다.

기원은 고대 인도에서 시작되었으며 체계적으로 정리된 것은 기원전 4세기경으로 알려져 있다. 요가와 탄트라가 소수의 수행자들에게 합일하는 방법을 가르치고 있다면, 아유르베다는 보통 사람들이 일상생활에서 지침으로 삼을 만한 내용을 담고 있다고 볼 수 있다. 아유르베다(Ayurveda) 역시 고대 인도의 경전인 《바가바드 기타》에 집약되어 있는 전통적인 우주론을 인체에 그대로 적용하고 있다. 《바가바드 기타》에 따르면 태초에 우주는 형태가 없이 오직 의식의 상태로만 존재한다고 했다. 거기서 '옴(Aum)'이라는 미묘한 우주적 진동이 일어나면서 근원적인 에너지인 '에테르(Ether)'가 나타났다. 에테르는 운동을 해서 공기(Air)를 만들었고, 공기가 마찰을 일으키면서 불(Fire)이 생겼다. 그 불로 인해 에테르(Ether)의 어떤 요소가 녹아 물(Water)이 생기고, 다시 그것이 굳어 흙(Earth)이 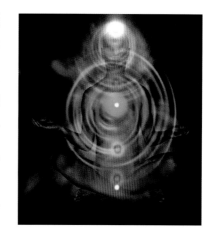 만들어졌다. 그리고 에테르와 공기, 불, 물이 생기고 다시 그것이 굳어 흙이 만들어졌다. 그리고 에테르와 공기, 불, 물, 흙의 기운으로 만물이 생성되었다. 이러한 우주적인 에너지는 24가지의 원리로 움직이는데 가장 중요한 원리는 창조(Brahma)와 유지(Vishnu), 파괴(Mahesha)로서 가장 최초로 우주에 나타난 영원히 우주에 반향하고 있는 소리 없는 소리인 '옴(Aum)'의 세 가지 형태이다. 즉, 태초의 진동 에너지인 '옴'이 사트바(Satva : 본질, 창조적 잠재력), 라자스(Rajas : 운동, 동적인 유지력), 타마스(Ramas : 비활동성, 잠재적 파괴력)의 세 가지 형태로 끊임없이 운동한다는 것이다.

사람의 몸 또한 에테르를 비롯한 다섯 가지 우주적인 에너지가 대우주의 원리에 따라 조화와 균형을 이루면서 운동하고 있는 장이다. 인간의 몸 안에 있는 공간 : 입, 코, 소화기관, 배, 가슴, 모세관, 림프관, 조직, 세포 등에 있는 빈 공간이 에테르의 현현(顯現)이다.

공기 에너지는 운동을 관장하며 근육의 움직임, 심장의 박동, 허파의 팽창과 수축, 소화기관의 운동 등으로 나타난다. 불 에너지는 소화, 체온 등의 각종 대사기능과 효소 작용을 통제한다. 물 에너지는 소화액의 분비, 침의 분비, 점막과 원형질, 세포질의 기능을 좌우하며 흙 에너지는 인체 가운데 단단한 부분, 즉 뼈, 손톱, 힘줄, 피부, 머리카락과 연관되어 있다. 감각 기관도 역시 이 다섯 가지 에너지가 좌우하는데, 청각은 에테르(Ether), 촉각은 공기(Air), 시각은 불(Fire), 미각은 물(Water), 후각은 흙(Earth) 에너지와 각각 연관이 되어 있다. 아유르베다(Ayurveda)는 이러한 에너지의 흐름이 균형과 조화를 잃을 때 병이 생긴다고 설명하고 있다.

2) 아유르베다(Ayurveda)가 보는 인간의 잠재적 능력

아유르베다(Ayurveda)는 인간을 소우주로 본다. 인간은 대우주, 즉 외부적인 우주의 힘에 의해 생겨난 우주의 분신이며 따라서 우주로부터는 결코 분리되어 존재할 수 없다. 그러므로 아유르베다에서는 건강과 질병의 문제도 우주와 인간의 상호관계 속에서 고찰하며, 개체령과 우주령, 개체 의식과 우주 의식, 에너지와 물질 간의 관계도 고려한다.

건강한 사람은 건강을 계속 유지할 수 있게 도와주며 병든 사람은 건강을 회복할 수 있게 도와준다. 또한, 아유르베다의 구체적인 지침들은 인간의 행복과 건강과 창조적인 성장을 위해 고안된 것들로서 체내 에너지 간의 균형을 유지함으로써 육체적인 쇠약이나 질병에 효과적으로 대처할 수 있는 것이다.

3) 소우주로서의 인간

인간은 본래 소우주이다. 그러므로 모든 물질 속에 존재하는 다섯 가지 기본 요소가 개인에게도 존재한다. 인간의 몸 안에는 많은 공간이 있는데 이것이 바로 에테르(허공) 요소이다. 예를 들면 입, 코, 소화기관, 순환기관, 배, 가슴, 림프관, 세포 등에 있는 빈 공간이 그런 것들이다.

운동성을 가진 공간이 바로 공기(Air)이다. 공기는 두 번째의 우주적 요소이며, 인간의 육체 안에서 근육의 움직임, 심장의 박동, 허파의 팽창과 수축, 그리고 위벽과 소화기관의 운동으로 나타난다. 세 번째 요소는 불(Fire)이다. 태양계에서의 불(Fire)과 빛(Light)의 근원은 태양(Sun)이며, 인간의 육체에서 불의 근원은 물질대사 작용이다.

네 번째로 중요한 요소는 물(Water)이다. 물의 요소는 소화액의 분비, 침의 분비, 그리고 점막과 원형질, 세포질 등에서 나타난다. 물은 여러 가지 육체의 조직과 기관 등의 기능에 활력을 주는 없어서는 안 되는 요소이다. 흙은 대우주와 소우주가 존재하는 다섯 번째의 요소이다. 흙이 있기 때문에 모든 생명체와 무생명체가 존재할 수 있다. 육체에 있어서는 단단한 성분의 뼈, 연골, 손톱, 근육, 피부, 머리카락 등이 모두 흙의 요소이다.

4) 다섯 가지 요소의 이론(The five element Theory)

(1) 흙(Earth) : 단단하게 굳은 형태의 물질로서, 물과 바람에 대항하는 바위나 고형의 물질을 의미한다. 우리 인체에서는 산소를 운반하는 혈관 속을 흐르는 물질로 구성되는 뼈, 세포들과 조직을 말한다.

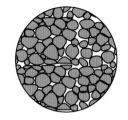

(2) 물(Water) : 물의 특성은 변한다. 산과 바위 주변에서 수증기와 구름, 비의 형태로 모양을 달리하고 있다. 여러 곳에서 물의 공급과 물의 흐름으로써 만들어지는 흙들을 볼 수 있다. 우리 인체에서는 피, 림프 그리고 노폐물을 날라주며 체온의 밸런스를 맞춰주는 체액들이다.

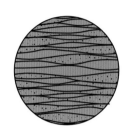

(3) 불(Fire) : 고형의 물질을 유동적인 물질로 바꾼다. 음식을 지방으로 전환시키기도 하면서, 음식을 태워서 에너지를 만들어내기도 한다. 물질의 형태가 없다.

(4) 공기(Air) : 공기는 볼수는 없으나 바람결에 흔들리는 나뭇가지에 매달린 잎사귀에서 느낄 수는 있다. 우리 인체에서 공기는 모든 움직임을 에너지로 만드는 산소의 역할이다. 형태가 없이 불로 태워 에너지로 만들어지면서 정화되고 깨끗해진다.

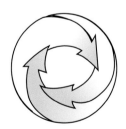

(5) 에테르(Ether) : 모든 일들이 일어나는 공간이다. 천체 사이에 수만 마일의 우주 공간, 각기 떨어져있는 물체 간의 간격이다.

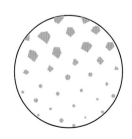

5) 아유르베다와 건강

아유르베다(Ayurveda)는 인간을 전체적으로 생각하는 치료의 한 방법이자 삶의 한 방법이다. 또한, 예방을 강조하고 개인으로 하여금 적절한 식이요법, 생활습관 및 신체, 정신, 의식의 균형을 재충전할 수 있는 운동을 선택하여 질병을 예방할 수 있도록 도와준다. 건강이 나쁜 원인은 하나에만 있지 않고 인간의 삶의 모든 면이 전체적인 건강에 영향을 미친다고 한다. 인체에 축적된 체내 독소가 질병의 원인이기도 하므로 체내 독소를 배출시키는 것이 아유르베다 치료의학의 원리이다. 특히, 균형감각과 자연 치유력, 섭생법 등을 중시하는 것과 체질에 따른 건강 관리와 치

료 방법 등은 한의학과 매우 유사하다. 아유르베다에서는 인간의 정신적 기질은 satvic, rajasic 및 tamasic 세 가지로 분류하며, 생물학적 기질들은 Vata, Pitta 및 Kapha 세 가지로 분류한다.

6) 아유르베다 의학(Ayurveda Medicine)

지난 5년간 인도에서 행해진 아유르베다 의학은 자연 요법들을 각각 개인에 맞추어서 적용하는 매우 심층적인 치료법이다. 아유르베다 의학은 신체, 정신, 영혼을 모두 동등하게 보며, 개인에게 적용할 때는 이 세 가지의 균형을 회복하기 위하여 노력한다. 아유르베다 의사가 가장 처음 생각하는 것은 '내 환자가 어떤 병을 가지고 있는가?'가 아니라 '이 환자는 어떤 사람인가?'이다. '어떤 사람'이라는 것은 그 사람의 이름이나 생김새를 말하는 것이 아니라 어떻게 '구성'되어 있는가를 말한다. '구성'이라는 것은 아유르베다 의학에서 매우 중요한 개념이다. 이는 힘과 감수성을 포함한 개인의 전체적인 건강 상태를 말한다. 미묘한 개개인의 '구성'상태의 인지가 치료 과정에서 가장 중요한 단계이며 이후의 무든 임상적인 판단의 근거가 된다. 개인의 '구성'을 평가하기 위해서 아유

르베다 의사들은 인단 환자의 체질(metabolic body type)을 알아야 한다. 그러고 나서 개인의 환경과 균형을 이루게 하는 개인화된 치료 계획을 세운다. 이치료에는 식이 요법의 변화, 운동, 요가, 명상, 마사지, 약초 요법, 약이 들어간 관장 요법, 약이 들어간 흡입요법 등이 있다.

7) 아유르베다식 체질 분석

한의학에서 태양, 소양, 소음의 사상 체질로 분류하는데 반하여 인도의 전통의학 체계인 아유르베다에서는 바타, 피타, 카파라고 하는 세 가지 도샤의 구성 비율에 따라 체질을 분류하고 있다. 각각의 도샤가 균형을 이루고 있는 상태가 장점으로 나타나고 균형이 깨진 상태가 단점으로 나타나게 된다. 아유르베다에서의 체질 개념은 선천적인 것과 후천적인 것으로 나누어진다. 체질은 7가지로 분류되는데 바타, 피타, 카파와 복합체질인 바타피다, 피타카파, 바카파 바타파타카파로 분류된다. 복합 체질은 한 가지 도샤가 아니고 두 가지 이상의 도샤 특성을 보이는 형이다. 체질 분석 결과의 언밸런스도를 보면 현재 몸의 상태가 양호한지 아니면 바타, 피타, 카파 중 어디 부분에서 균형이 깨진 상태로 있는지를 파악할 수 있다. 분석된 결과를 참고하여 자신의 체질에 맞는 음식, 운동, 생활습관으로 맞춰나가면 체질의 단점을 보완할 수 있고, 건강하게 질병을 예방하며 살수 있는 생활의 지혜가 생긴다.

(1) Vata

쾌활하고 낙천적인 성격 / 마른 체형 / 두드러지는 외모와 관절 / 건조한 피부 / 감정의 변화가 심함 /상상력이 풍부 / 변비 / 직감이 뛰어남

(2) Pitta

기쁨이 넘치고 의협심이 강하고 지적인 성격이 강하다.

중간 정도의 체형 / 옅은색의 가는 머리카락 / 땀

이많음 /유능함 / 성격이 급함 / 계획적이다 / 총명하다.

(3) Kapha

차분하고 너그러우며 관대한 성격 / 뚱뚱한 체형 /
두꺼운 곱슬머리 / 창백한 지성피부/ 화를 잘내지 않
는다 / 사랑이 많다 / 비만증 / 알레르기/천천히 먹
는다.

8) 기후의 영향(Climatic Influences)

우리가 살고 있는 기후의 변화에 의해서도 도샤의 세 가지 성질인 바타, 피타, 카파의
기운이 변한다. 예를 들면 뜨거운 여름이나 더운 기후는 피타의 성질을 강하게 하고, 건
조한 기후나 차가운 가을날의 바람은 바타를 강하게 한다. 비 내리는 겨울이나 습기찬
날씨는 카파를 강하게 한다.

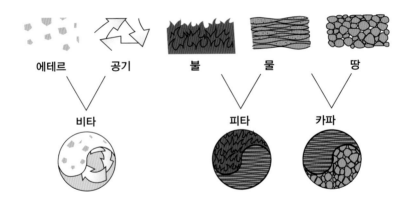

9) 인생의 여정(Life Stages)

(1) 처방 과정

Kapha	Pitta	Vata
Childhood	Teen and Adut	Old Age

아유르베다 의학에서는 건강을 회복하기 위해서는 일단 질병이나 신체의 불균형을 올바르게 이해해야 한다. 진단 후에 질병의 관리를 위해 사용하는 4가지 방법이 있다.

제1단계 - 쇼단(Shodan) : 청소와 독소의 제거(Cleansing and Detoxification)

제2단계 - 샤만(Shaman) : 완화(Palliation)

제3단계 - 라사이아나(Rasayana) : 원기의 회복(Rejuvenation)

제4단계 - 사트바자야(Satvajaya) : 정신 위생과 영혼의 회복
        (Mental hygiene and Spiritual healing)

(2) 치료

자연의학, 명상 요법, 기공 치료, 꽃 요법, 향기 요법

① 불균형의 바타 체질을 위한 에센셜 오일(Essential Oils for Vata Imbalance)

독소 배출, 피를 맑게 해준다 : 블랙 페퍼 / 클라리 세이지 / 미르 / 샌달우드

구풍제 : 바질 / 캐모마일 / 시나몬 / 클로브 / 라임 / 펜넬 / 진저

발한제 : 바질 / 시나몬 / 펜넬 / 파인 / 레몬그라스

② 불균형의 피타 체질을 위한 에센셜 오일(Essential Oils for Pitta Imbalance)

    냉각제 : 캐모마일 / 페퍼민트 / 스피아민트

    수렴제 : 레몬 / 칼렌듈라 / 캐롯시드

③ 불균형의 카파 체질을 위한 에센셜 오일(Essential Oils for Kapha Imbalance)

    이뇨제 : 시나몬 / 펜넬 / 스피아민트 / 레몬그라스

    발한제 : 바질 / 클로브 / 유칼립투스 / 세이지 / 주니퍼베리

아유르베다(Ayurveda)에서 가르치는 모든 치료법의 고울(Goal)은 바타(Vata)-피타(Pitta)-카파(Kapha)의 균형을 유지시키는 것이다. 이는 소변-대변-땀의 세 가지 배설물이 정상적으로 배설되어야 하며, 감각 기관이 정상적으로 기능해야 하며, 육체와 마음과 의식이 조화로운 통일체로서 작용해야 하는 것이다. 아유르베다를 적용함에 있어서 에센셜 오일의 적절한 선택은 각기 다른 증상들의 예방, 완화 및 치료에 커다란 효과를 나타내기 때문이다. 이처럼 자연에서 얻어지는 방향성 식물인 허브에서 추출된 치료적 효과를 가진 에센셜 오일의 사용은 현대인들이 기대하는 자연과 함께 교감하는 건강 미용법으로 크게 자리 잡고 있는 것이다.

아로마테라피 상담 카드

Aromatherapy Consultation Card

No :   Brain Type :

Aromatherapist :   Date:

이름		직업	
주민등록번호		전화번호	
주소			

▣ 병력

과거, 현재의 상태를 체크해 주세요.
(인체의 상태를 세심하게 체크하고, 관리계획 프로그램 작성에 참고)

☐ 해당 증상에 표시해 주세요.		
☐ 임신	☐ 당뇨	☐ 신장염
☐ 혈우병	☐ 천식	☐ 호르몬 이식
☐ 부종	☐ 안면신경마비	☐ 진단 불명 통증
☐ 골다공증, 관절염	☐ 신경 압박(좌골신경통)	☐ 처방약 복용
☐ 신경 정신적 장애	☐ 신경계 염증	☐ 급성 류머티즘
☐ 간질	☐ 암	☐ 경추척추염
☐ 수술 직후	☐ 뇌성마비	☐ 목뼈 손상
☐ 의사 또는 다른 대체요법사의 치료를 받고 있는 경우		☐ 디스크
☐ 신경계 이상(다발성 경화증, 파킨슨씨병, 운동신경 질환)		
☐ 심혈관계 질환(혈전증, 고혈압, 저혈압, 심장질환)		

□ 열	□ 전염병	□ 설사와 구토
□ 진단되지 않은 혹이나 멍울	□ 음주 또는 환각제 복용	□ 피부병
□ 부분적 부종	□ 염증	□ 생리 중(첫 몇일)
□ 정맥류	□ 경부 척추염	□ 과민성 피부
□ 임신(복부)	□ 베인 상처	□ 멍
□ 모유 수유	□ 찰과상	□ 화상
□ 혈종	□ 최근 골절상(최소3개월)	□ 위궤양
□ 탈장	□ 과식직후	□ 과민성 피부
□ 흉터 조직(대수술 2년 이내, 작은 흉터 6개월 이내)		

가족력 :	
알러지 :	
기타 자세한 사항 :	

■ 생활습관

수면	① 좋음　② 보통　③ 나쁨 (문제점 :　　　　　　　) 1일 평균 수면 시간 (　　　　　시간)
생리 관계	규칙적(다음 예정일 :　　　　) 불규칙　무월경　폐경
흡연	① 안함　② 하고 있음 (1일 평균　　　개비)
식생활	① 좋음　② 보통　③ 나쁨 (문제점 :　　　　　　)
식이요법	① 않음　② 하고 있음 (종류 :　　　　　　　)
운동	① 않음　② 불규칙적　③ 규칙적(종류 :　　1주　회)
가정의 화목 여부	① 좋음　② 보통　　③ 나쁨
스트레스	1(거의 없음)　2　3　4　5　6　7　8　9　10(매우 심함)

아로마테라피를 받고자 하는 이유와 기대 효과

■ 관리 계획

Plan A	Plan B
Base Oil과 기대 효과	Base Oil과 기대 효과
Face	Face
Body	Body
Essential Oils과 기대 효과	Essential Oils과 기대 효과

■ 향후 관리 계획 :
　주의사항/홈케어 :

■ comments (관리 전/중/후)

■ 다음 예약일 :

고객 서명		일자	
아로마테라피스트 서명		일자	

아로마테라피 관리 카드

Aromatherapy Tritment Card

No :   Brain Type :

Aromatherapist :   Date:

comments (시술 전/후)	
아로마테라피의 기대 효과	

Treatment Plan	
Plan A	**Plan B**
Base Oil과 기대 효과	Base Oil과 기대 효과
Face :	Face :
Body :	Body :
Essential Oils과 기대 효과	Essential Oils과 기대 효과

소견	
스트레스	1(거의 없음) 2 3 4 5 6 7 8 9 10(매우 심함)
체온	
근육의 긴장/결림	
피부 상태	
기타 반응	
주의사항/홈 케어	

향후 시술 계획
기타사항

■ **다음 예약일 :**

고객 서명		일자	
아로마테라피스트 서명		일자	

케이스 스터디
CASE STUDY

1. 고객 상담

2. 상황에 맞는 오일 선택

3. 케리어 오일 선택

4. 고객의 선택

주요 증상	두 번째 증상	세 번째 증상

1. 관리 계획

1주

2주

3주

4주

2. 관리 요약(마사지 받은 직후의 고객의 느낌, 상태, 효과 등)

3. 사용 방법
    1) Bath
    2) Inhalation
    3) Massage

4. 홈 케어 조언

케이스 스터디

CASE STUDY

1. 고객 상담

2. 상황에 맞는 오일 선택

3. 케리어 오일 선택

4. 고객의 선택

주요 증상	두 번째 증상	세 번째 증상

1. 관리 계획

1주

2주

3주

4주

2. 관리 요약(마사지 받은 직후의 고객의 느낌, 상태, 효과 등)

3. 사용 방법

    1) Bath

    2) Inhalation

    3) Massage

4. 홈 케어 조언

참고문헌(References)

고혜정 외, 홀리스틱 테라피스트를 위한 아로마 테라피, 군자, 2006

이현화 · 김현주 · 고혜정, 림프. 아로마 관리학, 청구, 2003

이세희, 향유를 이용한 여성건강&미용 아로마테라피, 홍익재, 1995

김명자 · 조순희 · 김진경 · 한선희 · 남은숙 · 허명행 · 이명화, 임상아로마 요법, 정문각, 2005

하혜정 · 김희숙 · 강희선, 제인버클의 임상아로마테라피, 현문사, 2003

이애란 외 에코힐링을 위한 뷰티응용테라피, 교육과학사, 2013

최승완, Essential Aromatherapy(개정판), 청문각, 2011

전세열 · 홍란희 · 김봉인 · 장진미 · 조소은, 미용해부생리학, 광문각, 2011

이애란, 피부미용을 위한 에센셜 오일의 적용 방법, 코리아뷰티디자인학회지, 2009

Ingrid Martin.Aromatherapy for Massage Practtitioners,Lippincott Williams &Wikins, 2007

Aeran Lee,Aplication Oils for Skin Care, Journal of the Korea Beauty Design Society, 5-2, 2009.8

Arnould-Raylor, WE,Aromatherapy for the Whole Person(Leckhampton:Stanley Thornes,1981

Adrian(ED),Brewer'sDictionary of Phrase and Fable, 15th edion, London:Cassell,1997.

An introductory Guide to Aromatherapy, Louise Tucker, General Editor Jane Foulston, 2000.

Clinical aromatherapy/Jane Buckle,-2nd ed.

Catty Suzanne, Hydrosols, Healing Arts Press, 2001.

Davis, Health Professionals Edinburgh; Ehurchill Living stone,1995

Diane Stein, The Remedy Book for Women,the crossing Press,1998

Franccesca Gould, Aromatherapy for Holistic Therapists, Nelson Thornes;2nd Rev. ed, 2005

Joanna Hoare,The Complete Aromatherapy Tutor,Otopus Publishing Group Ltd, 2010

Kurt Schnaubelt, Medical Aroamatherapy Healing

with Essential Oils,Berkeley,California, 1999

Kathi Keville, Aromathera;y for Dummies, Wiiey Publishing,Inc, 1999

Kathi Keville and Mindy Green, aromatherapy A complete guide to the healing art, 2009

Kurt Schnaubelt;translated from the German

by J.Michael Beasley.-1stU.S.ed.Advanced aromatherapy,Healing Arts Press,1995

karen Gilmour, Clinical Aromatherapy,Elsevier Science,

ITEC(International Therapy Examination Council) Syllabus

Louise Tucker, An Introductory Guide to Aromatherapy, Holistic Therapy Books, 2004

Lawless,Julia, The Encyclopaedia of Essential oils Shaftesbury:Element,1992

Maury M. Marguerite Maury's guide to aromatherapy: The secret of life and youth, First published in French as Le Capital Jeunesse in 1961.

English version published by the C.W. Daniel Company Limited, Great Britain, 1964.

M.Foldi. R. Strobenreuther, Foundations Manual Lymph Drainage, 2003

Potterton D. Culpeper's colour herbal. W, Foulsham & Company Limited, UK, 1983.

Ray sahelian M.D,A Guide to Natural Supplements

The practice of Aromatherapy,Jean valnet,M.D.Edited by Robert Tisserand,Healing Arts Press Rochester, Vermant, 1990

Schnaubelt K. Essential Oils- Viable wholistic phar-maceutical for the futurem In Proceedings of the 13th Interantional Congress of Flavours, Fragrances and Essential Oils, 1995; 269-279.

Schaubelt K,Medial aromatherapy. Frog Ltd, USA,1999.

That Enhance your mind, Meomry And Mood, 2000

Room,adrian(ED),Brewer's Dictionary of Phrase and Fable,15th edition,London Cassell,1997

Valerie Ann Worweed, Aromatherapy for the Healthy child, 2000

저자소개

이애란

- 미용예술학 박사
- 뉴질랜드 뷰티테라피 컬리지 졸업
- 이애란 홀리스틱 테라피 연구소 소장
- 힐링아로마테라피 전문가 협회장
- 영국 ITEC, IFA 아로마테라피스트
- 미국 ARC 아로마테라피스트
- 현) 서정대학교 뷰티아트과 겸임교수

현경화

- 서울벤처정보대학원 대학교 박사수료
- 한국피부미용연구학회 회장
- 사)한국뷰티산업진흥원 원장
- 노동부 국가기술자격정책심의위원회 전문위원
- 2030 서울플랜 산업분과 위원
- 현) 서정대학교 뷰티아트과 교수

조아랑

- 경희대학교 의과대학원 생화학(의학석,박사)
- 경희대학교 의과대학 아로마 연구소 연구원
- (주)샘즈바이오 연구과장
- 한국두피모발연구학회 학술이사
- 현) 서정대학교 뷰티아트과 교수

오영숙

- 가천대학교 경영대학원 석사졸업
- 대한피부미용사중앙회 수석부회장
- 국가자격검정시험 일반(피부) 감독위원
- 재능대학 미용예술학과 겸임교수 역임
- 초당대학교 뷰티코디네이션과 외래교수 역임
- 현)정화예술대학 피부미용과 교수

미용과 건강을 위한

활용아로마테라피

2015년	8월	31일	1판	1쇄	인 쇄
2015년	9월	3일	1판	1쇄	발 행

지 은 이 : 이 애 란 · 현 경 화 · 조 아 랑 · 오 영 숙
펴 낸 이 : 박 정 태

펴 낸 곳 : **광 문 각**

10881
파주시 파주출판문화도시 광인사길 161
광문각 B/D 4층
등   록 : 1991. 5. 31 제12 - 484호
전 화(代) : 031-955-8787
팩   스 : 031-955-3730
E - mail : kwangmk7@hanmail.net
홈페이지 : www.kwangmoonkag.co.kr

ISBN : 978-89-7093-778-6   93590

값 : 28,000원

 한국과학기술출판협회회원
KSPA